环境监测与生态环境保护

邢妍　张志国　王卫　主编

延吉・延边大学出版社

图书在版编目（CIP）数据

环境监测与生态环境保护 / 邢妍，张志国，王卫主编. -- 延吉 : 延边大学出版社, 2024.3

ISBN 978-7-230-06365-4

Ⅰ. ①环… Ⅱ. ①邢… ②张… ③王… Ⅲ. ①环境监测－研究②生态环境保护－研究 Ⅳ. ①X8②X171.4

中国国家版本馆CIP数据核字(2024)第069197号

环境监测与生态环境保护

HUANJING JIANCE YU SHENGTAI HUANJING BAOHU

主　　编：邢妍　张志国　王卫

责任编辑：王治刚

封面设计：文合文化

出版发行：延边大学出版社

社　　址：吉林省延吉市公园路977号　　邮　　编：133002

网　　址：http://www.ydcbs.com　　E-mail：ydcbs@ydcbs.com

电　　话：0433-2732435　　传　　真：0433-2732434

印　　刷：廊坊市海涛印刷有限公司

开　　本：710×1000　1/16

印　　张：13

字　　数：220 千字

版　　次：2024 年 3 月 第 1 版

印　　次：2024 年 3 月 第 1 次印刷

书　　号：ISBN 978-7-230-06365-4

定价：65.00元

编 写 成 员

主　　编：邢　妍　张志国　王　卫

副 主 编：杨娟英　卢　浩　田　雨

编写单位：聊城市茌平区环境监控中心

江苏省金枫蓄电池制造有限公司

杭州回水科技股份有限公司

浙江环信环境自动检测有限公司

吉林省清山绿水环保科技有限公司

前　言

随着现代工业的飞速发展和城市化进程的加速推进，人类对自然环境的破坏日益严重。环境污染、生态破坏等问题已经成为全球关注的焦点。因此，环境保护变得尤为重要。首先，环境保护有助于维护生态平衡。自然界的各种生物和生态系统之间相互依存，破坏环境会导致生态平衡的破坏，进而影响人类的生产和生活。保护环境可以使人类与自然和谐共处，实现可持续发展。其次，环境保护对经济发展具有重要意义。保护环境可以促进资源的合理利用和生态环境的改善，为经济发展提供可持续的动力。最后，保护环境对社会稳定也有着不可忽视的作用。同时，保护环境也是人类文明进步的重要标志之一，可以展示一个国家和民族的文明程度。

环境监测是环境保护的重要基础，通过环境监测，我们可以及时掌握环境中各种污染物的含量和分布情况，了解环境质量状况，为制定环境保护政策和措施提供科学依据。同时，环境监测还可以为环境污染治理和生态修复提供技术支持，为评估环保措施的效果提供数据支持。生态环境是人类赖以生存的基础，保护生态环境就是保护人类自己。

本书先阐述了环境监测及其发展，然后探讨了环境监测质量保证，接着对生态环境保护进行了总述，又分别对水环境监测与保护、大气环境监测及治理、土壤环境监测及污染土壤修复、固体废物监测与处理进行了分析，最后就生态环境保护管理的创新发展进行了讨论。

《环境监测与生态环境保护》一书共分八章，字数 22 万余字。该书由聊城市茌平区环境监控中心邢妍、张志国，江苏省金枫蓄电池制造有限公司王卫担任主编。其中第五章、第六章、第七章及第八章由主编邢妍负责撰写，字数

10 万余字；第三章及第四章由主编张志国负责撰写，字数 6.3 万余字；第一章及第二章由主编王卫负责撰写，字数 5.5 万余字。副主编由杭州回水科技股份有限公司杨娟英、浙江环信环境自动检测有限公司卢浩、吉林省清山绿水环保科技有限公司田雨担任并负责全书统筹，为本书出版付出大量努力。

本书由于编写时间仓促，加之编写者水平有限，难免有一些疏漏和不足之处，希望广大读者给予批评指正，对此编者不胜感激。

笔者

2024 年 1 月

目　录

第一章　环境监测及其发展

第一节　环境监测概述

一、环境监测的概念、目的与分类

（一）环境监测的概念

环境监测是指运用化学、生物学、物理学及公共卫生学等学科方法，间断或连续地测定代表环境质量的指标数据，研究环境污染物的检测技术，监视环境质量变化的过程。环境监测是环境保护工作的重要组成部分，它通过对环境中的各种要素进行定性和定量的测定，以揭示环境质量及其变化规律。

（二）环境监测的目的

环境监测的目的是准确、及时、全面地反映环境质量现状及发展趋势，为环境管理、污染源控制、环境规划提供科学依据。总的来说，环境监测的目的如下：①根据环境质量标准，利用监测数据对环境质量作出评价；②根据污染情况，追踪污染源，研究污染变化趋势，为环境污染监督管理和污染控制提供依据；③收集本地环境数据、积累长期监测资料，为制定各类环境标准，实施总量控制、目标管理，预测环境质量提供依据；④实施准确、可靠的污染监测，为环境执法部门提供执法依据；⑤为保护生态环境、人类健康以及促进自然资源的合理利用提供服务。

环境监测是生态环境保护的重要环节，开展生态环境监测工作能够正确预示未来环境的发展方向，切实解决当前生态文明高地建设及环境保护工作中存在的问题，确保各项生态环境建设工作取得实效。结合生态环境监测事业发展现状，提出合理的发展对策与建议，可以提高生态环境质量，有力推进经济社会高质量发展。

（三）环境监测的分类

1.按照监测介质分类

环境监测按照监测介质（环境要素）可以分为大气污染监测、水质污染监测、土壤和固体废弃物监测、生物污染监测、物理污染监测等。

（1）大气污染监测

大气污染监测是指监测大气中的污染物及其含量。大气污染物约 100 种，这些污染物以分子和粒子两种形式存在于大气中。分子状污染物的监测项目主要有二氧化硫、二氧化氮、一氧化碳等。粒子状污染物的监测项目有可吸入颗粒物、自然降尘及尘粒等。此外，部分地区还可根据具体情况增加某些特有的监测项目。

大气污染的浓度与气象条件有着密切的关系，在监测大气污染的同时还需测定风向、风速、气温、气压等气象参数。

（2）水质污染监测

水质污染监测的对象包括未被污染和已受污染的天然水（如江、河、湖、海、地下水）、各种各样的工业废水和生活污水等。水质污染监测项目大体可分为两类：一类是反映水质污染的综合指标，如温度、色度、浊度、pH 值、电导率、悬浮物、溶解氧、化学需氧量和生化需氧量等；另一类是一些有毒物质，如酚、氰、砷、铅、铬、镉、汞、镍和有机农药、苯并芘等。除上述监测项目外，还应测定水体的流速和流量。

（3）土壤和固体废弃物监测

土壤污染主要是由两个方面的因素引起的：一方面是工业废弃物，主要是废水和废渣浸出液污染；另一方面是化肥和农药污染。土壤污染监测主要是对土壤、农作物中有害的重金属（如铬、铅、镉）及残留的有机农药等进行监测。固体废弃物包括工业、农业废物和生活垃圾，主要是固体废弃物的危险特性监测和生活垃圾特性监测。

（4）生物污染监测

地球上的生物，无论是动物还是植物，都是从大气、水体、土壤、阳光中直接或间接地吸取各自所需的营养的。在它们吸取营养的同时，某些有害的污染物也会进入其体内，有些毒物在不同的生物体中还会被富集，从而使动植物生长和繁殖受到损害，甚至死亡。环境污染物通过生物的富集和食物链的传递，最终危害人体健康。生物污染监测是对生物体内环境污染物的监测，监测项目有重金属元素、有机农药、有毒的无机和有机化合物等。

（5）物理污染监测

物理污染监测包括对电磁辐射、放射性、热辐射等物理量的环境污染监测。噪声、振动、电磁辐射、放射性对人体的危害与化学污染物质不同，当环境中的这些物理量超过其阈值时会直接危害人的身体健康，尤其是放射性物质对人体危害更大，所以，对物理因素的污染监测也是环境监测的重要内容，其监测项目主要是环境中各种物理量的水平。

2.按照监测目的分类

根据监测目的，环境监测可分为监视性监测、特定目的性监测和研究性监测。

（1）监视性监测

监视性监测又称常规监测或例行监测。监视性监测是监测工作的主体，其工作质量是环境监测水平的标志。对指定的有关项目进行定期的长时间监测，可以确定环境质量及污染源状况、评价控制措施的效果、衡量环境标准实施情况和环境保护工作的进展。这类监测包括污染源监测和环境质量监测。污染源监测主要是掌握污染物排放浓度、负荷总量、时空变化等，为强化环境管理和贯彻落实有关法规、标准、制度等提供技术支持。环境质量监测，主要是指定期、定点对指定范围内的空气、水质、噪声、辐射等各项环境因素质量状况进行监测分析，为环境管理和决策提供依据。

（2）特定目的性监测

特定目的性监测又称应急监测或特例监测，是不定期、不定点的监测。这类监测除一般的地面固定监测外，还有流动监测、低空航测、卫星遥感监测等形式。特定目的性监测是为完成某项特种任务而进行的应急性监测，包括以下几个方面：

①污染事故监测

污染事故监测是指对各种污染事故进行现场追踪监测，摸清事故的污染程度和范围、造成危害的大小等。

②仲裁监测

仲裁监测主要针对污染事故纠纷处理、环境法执行过程中所产生的矛盾进行监测。仲裁监测应由国家指定的权威部门进行，以提供具有法律效力的数据（公证数据），供执法、司法部门仲裁。

③考核验证监测

考核验证监测包括对环境监测技术人员和环境保护工作人员的业务考核及上岗培训考核、环境监测方法验证和污染治理项目竣工时的验收监测等。

④咨询服务监测

咨询服务监测是向社会各部门、各单位提供科研、生产、技术咨询，环境评价，资源开发保护等所需资料而进行的监测。

（3）研究性监测

研究性监测又称科研监测，属于高层次、高水平、技术比较复杂的一种监测。研究性监测主要包括以下几个方面：

①标准方法、标准样品研制监测

标准方法、标准样品研制监测是为制定、统一监测分析方法和研制环境标准物质（包括标准水样、标准气等各种标准物质）而进行的监测。

②污染规律研究监测

污染规律研究监测主要是指研究确定污染物从污染源到受体的运动过程，监测研究环境中需要注意的污染物质及它们对人、生物和其他物体的影响。

③背景调查监测

背景调查监测是指专项调查监测某环境的原始背景值，监测环境中污染物质的本底含量。

④综合评价研究监测

综合评价研究监测是针对某个环境工程、建设项目的开发影响评价进行的综合性监测。

二、环境监测的原则和要求

（一）环境监测的原则

环境监测应遵循“优先监测”的原则。所谓“优先监测”原则具体是指：①对环境质量影响大的污染物优先；②有可靠监测手段并能获得准确数据的污染物优先；③已有环境标准或有可比性资料依据的污染物优先；④人类社会行为中预计会向环境排放的污染物优先。

20世纪以来，化学品的生产和合成品种、数量获得了惊人的发展，它为满足工业、农业等各行各业的需要和提高人类的生活质量作出了巨大贡献。有关文献显示，1900年，世界上生产和使用的化学品约为5.5万种，而到1999年则已超过了2 000万种。据专家估计，目前进入自然环境的化学物质已达10万种以上。但事实上，我们既无可能也无必要对每一种化学品都进行监测，而只能有重点、有针对性地对部分污染物进行监测，这就需要对众多有毒污染物进行分级排列，从中筛选出潜在危害性大、在环境中出现频率高的污染物作为监测对象。经过优先选择的污染物被称为环境优先污染物，简称“优先污染物”。

对优先污染物进行的监测被称为“优先监测”。

（二）环境监测的要求

具有可靠的监测手段和评价标准是环境监测的基本条件。因为有了可靠的监测手段，才能获得科学、准确的监测结果；有了评价标准，才能对监测数据作出正确的解释，使环境监测更具有实际意义，从而避免监测的盲目性。环境监测数据既为评价环境质量提供了信息，同时也为制定各项环境保护法令、法规、条例提供了依据。因此，环境监测工作一定要保证监测结果的准确可靠，能够科学地反映实际。环境监测的要求可大致概括为以下几点：

1.代表性

代表性是指采样时间、采样地点及采样方法等必须符合有关规定，使采集的样品能够反映总体的真实状况。

2.完整性

完整性主要强调监测计划的实施应当完整，即必须按预期计划保证测定数据的完整性、系统性和连续性。

3.可比性

可比性不仅要求各实验室对同一样品的监测结果之间相互可比，也要求同一个实验室对同一样品的监测结果应该达到相关项目之间的数据可比。相同项目没有特殊情况时，历年同期的数据也是可比的。

4.准确性

准确性是指测定值与真值的符合程度。

5.精密性

精密性表现为测定值有良好的重复性和再现性。

三、环境监测的特点与发展历程

（一）环境监测的特点

环境监测以环境中的污染物为对象，这些污染物种类繁多，分布极广。因此，环境监测受对象、手段、时间和空间多变性、污染组分复杂性的影响，具有以下特点：

1.环境监测的综合性

环境监测对象涉及“三态”（气态、液态、固态）以及生物等诸多客体。环境监测方法包括化学、物理、生物以及互相结合等多种方法。环境监测数据解析评价涉及自然科学、社会科学等许多领域。所以，环境监测具有很强的综合性。只有综合应用各种手段，综合分析各种客体，综合评价各种信息，才能较为准确地揭示监测信息的内涵，说明环境质量状况。

2.环境监测的连续性

由于环境污染具有时空变异性等特点，所以环境监测数据同水文气象数据一样，累积时间越长越珍贵。只有在有代表性的监测点位连续监测，才能从大量的数据中揭示污染物的变化规律，预测其变化趋势。因此，监测点位的选择一定要科学，而且一旦监测点位的代表性得到确认，必须长期坚持，以保证前后数据的可比性。

3.环境监测的追踪性

要保证监测数据的准确性和可比性，就必须依靠可靠的量值传递体系进行数据的追踪溯源。根据这个特点，建立环境监测质量保证体系。

4.环境监测的执法性

环境监测不同于一般检验测试，除了需要及时、准确地提供监测数据，还要根据监测结果为主管部门提供建议。

（二）环境监测的发展历程

自工业革命以来，在发达国家工业化进程中发生了震惊世界的“八大公害”事件。环境问题的出现使“环境质量”概念被人们接受，环境监测应运而生。为探寻区域或流域环境质量变化趋势，人类开始认识自然界、经济及社会活动中的污染物性质、来源、浓度、时空变化规律，着眼污染源与环境要素化学污染物质和水陆生物定性、定量分析，以及噪声、振动、辐射等物理测定，统称“环境监测”。然而，判断区域或流域环境质量优劣，进行瞬间采样分析和现场测试，仅能反映区域或流域特定环境条件下某一时刻的环境质量状况，据此作出的环境质量评价是片面的。

1.环境保护问题的提出与发展

第二次世界大战后，许多国家急于发展经济，通常是先污染后治理、先破坏后恢复，环境污染与生态破坏迅速从地区性问题发展成全球性问题，气候异常、臭氧层破坏、森林破坏与生物多样性减少、酸雨污染、土地荒漠化、国际水域与海洋污染、有毒化学品污染和危险废物越境转移等一系列国际社会关注的热点和难点问题出现。围绕着环境问题及其解决措施，世界各国和地区在经济、政治、技术、贸易等方面形成了十分复杂的对抗与合作关系，并建立了一个庞大的国际环境条约体系，影响着全球经济、政治、科学技术的走向。

20世纪70年代以来，世界各国普遍认识到：在发展经济的同时，必须保护人类赖以生存的环境，增强责任感与使命感。环境与发展成为全球性重大课题，与之相关的理论和思想应运而生。

人类控制污染与保护环境的历程，概括起来，大体可以划分为三个阶段。

（1）萌芽阶段：英国工业革命前

此前，人类社会处于自给自足的自然经济时期，其发展与进步主要依靠种植业和畜牧业，对自然环境的依赖性相对较大，人类活动对自然生态系统的破坏，以及造成的损失还不足以威胁到人类的生存与繁衍，控制污染与保护环境的思想和方法尚未出现。人类在面对发展过程中遇到的洪水泛滥、干旱、土地荒漠化等生态破坏问题时，提出了一些控制污染和保护环境的思想与方法。这些思想与方法形成了控制污染与保护环境的源流，但与现代意义的环境保护相距甚远。

（2）新兴阶段：英国工业革命至 20 世纪 70 年代

18 世纪，蒸汽机的发明标志着西方工业革命的到来，工业革命给人类带来了希望。机器工业化大生产的兴起，推动了城市化进程；科学技术的进步，提高了人类的生活水平。然而，工业革命在给人类带来欣喜的同时，伴随着诸多人们意想不到的后果——一系列重大环境问题，甚至埋下人类生存与发展的潜在隐患。

当人类陶醉于工业革命的伟大胜利时，环境污染与生态破坏出现，工业化进程的环境污染由点到面蔓延，酿成全球性公害。由“八大公害”事件可以窥见西方工业革命引起的环境问题的严重性。

西方国家一些新闻媒体开始公开报道“八大公害”事件的真相，社会人士纷纷撰文，呼吁采取行动；那些富有责任感和开拓精神的科学家感到有必要进一步增进人类对地球环境的全面认识，使用科学技术手段解决各类环境问题，以重建自然环境新秩序。进入 20 世纪 70 年代，人们认识到：环境问题，不仅是污染问题，而且包括自然资源和生态破坏问题；既是科技水平问题，也是重大经济社会问题。期间，西方一些著名学者对环境与发展问题展开激烈争论，同时，规模空前、声势浩大的群众性“环境运动”此起彼伏，唤起了公众的环保意识，为“联合国人类环境会议”的召开做了舆论准备。

1972 年 6 月在斯德哥尔摩召开的“联合国人类环境会议”是控制污染与保护环境的第一个里程碑，代表人类进入了解决全球性环境问题的新兴阶段，会议广泛研讨并总结了有关保护人类环境的理论和现实问题，制定了对策和措施，提出了“只有一个地球”的口号，并呼吁各国政府和人民为维护和改善人类环境、造福子孙后代而共同努力。

（3）发展阶段：20 世纪 70 年代至今

20 世纪 70 年代以来，人类为保护地球环境进行了不懈努力并取得了一定成效。然而，人类控制污染与保护环境的行动过于迟缓，较全球环境恶化的速度相距甚远。1985 年，美国科学家证实，在南极上空出现“臭氧空洞”，这一发现引起了全球环境问题新一轮认识高潮，其核心是与人类生存休戚相关的“全球变暖”“臭氧层破坏”“酸雨沉降”三大全球环境问题。人类生存与发展面临前所未有的严峻挑战。因此，1989 年 12 月召开的联合国大会决定：1992 年 6 月，在巴西里约热内卢举行一次环境问题首脑会议——联合国环境与发展大会。在会上，“高消费、重污染”的传统发展模式受到批判，发展经济与保护环境相互协调，走“可持续发展”道路成为各国共识和会议基调。这次会议标志着人类认识环境问题上升到一个新高度，是控制污染与保护环境思想的又一次进步。如果将 1972 年召开的联合国人类环境会议作为环境保护史上第一座里程碑，那么 1992 年召开的联合国环境与发展大会即第二座里程碑。联合国环境与发展大会通过了《里约环境与发展宣言》和《21 世纪议程》两个纲领性文件，以及《关于森林问题的原则声明》，签署了《联合国气候变化框架公约》和《生物多样性公约》。这些文件充分体现了当今人类社会可持续发展的新思想，反映了环境与发展领域合作的全球共识和最高级别的政治承诺。

对立统一规律是一切事物运动和发展的基本规律。发展经济与保护环境，既相互制约，又相互依存、相互促进。单纯的经济增长不等于发展，发展的动力不仅来自经济系统内部，还来自环境与经济的矛盾运动。没有经济发展就不会产生环境与经济的矛盾，没有环境保护就不会提出“可持续发展”。诚然，环境问题的产生与解决，同样是历史的必然。环境与发展思想，正是对立统一规律的哲学思辨。

2.我国环境监测工作的沿革

1972 年 6 月，联合国人类环境会议后，中国政府开始重视环境保护工作。1973 年 8 月，国务院在北京召开第一次环境保护工作会议；同年，国务院和各省（自治区、直辖市）相继成立环境保护行政管理和环境监测机构。

1978 年下半年，改革开放使全国环境保护工作迎来了历史性机遇，各级环境管理与环境监测机构陆续建立并独立设置，开始探索环境管理工作方法和途径，以及工业污染源和环境要素监测方法、技术路线。1980年12月，国务院环境保护领导小组办公室在山东省潍坊市召开第一次全国环境监测工作会议，部署编写各省（自治区、直辖市）和省辖地（市）《环境质量报告书》；1981年8月，国务院环境保护领导小组办公室在江西省井冈山市召开第二次全国环境监测工作会议，部署全国环境监测工作。

1983年7月21日，城乡建设环境保护部颁布了《全国环境监测管理条例》，规定了国家、省、市、县级环境监测机构规模和人员编制、仪器设备标准、职责与职能、监测站管理、监测网建设、监测报告制度等。1984年10月，城乡建设环境保护部在青海省西宁市召开第三次全国环境监测工作会议，部署了全国环境监测管理机构改革和提高环境监测能力的任务，提出了环境监测规范化、仪器装备现代化、监测站点网络化、采样布点规范化、分析方法标准化、数据处理微机化、质量保证系统化的奋斗目标。

1990年4月，国家环境保护局在上海市召开第四次全国环境监测工作会议，提出了环境管理必须依靠环境监测、环境监测必须为环境管理服务的方针，强调完善监测体系，掌握两个动态，提高环境管理服务效能。1990年12月5日，《国务院关于进一步加强环境保护工作的决定》指出，逐步推行污染物排放总量控制和排污许可证制度，建立环境状况报告制度，省级以上政府环境保护部门必须定期发布环境状况公报。1991年，在优化布局的基础上，我国建立由200个城市环境监测机构组成的国家环境监测网络，初步形成了国家、省、市级环境监测网络体系。

1994年，《国家环境保护局关于进一步加强环境监测工作的决定》指出，环境监测属政府行为，是政府履行环境管理职能的重要阵地，是为环境执法提供技术支持、技术监督、技术服务的过程。国家环境监测机构为全国环境监测网络中心、技术中心、数据中心、培训中心，履行监测信息综合处理、监测技术决策与指导任务；省级环境监测机构为全省（市、区）环境监测网络中心、技术中心、数据中心，发挥开拓监测领域和服务功能；市、县级环境监测机构保证各项指令性监测，强化综合分析能力。《环境监测报告制度》规定了监测报告形式（数字型、文字型）、类型（快报、简报、月报、季报、年报、环境质量报告书、污染源监测报告）、编制内容、编制单位、报送时限、报告管理。《国务院关于环境保护若干问题的决定》要求，强化环境监督管理，加强环境监测技术研究。

2002年10月，国家环境保护总局在北京市召开第六次全国环境监测工作会议，在完善城市环境空气、地表水环境自动监测站的基础上，建立城市重点污染源在线监控系统。通过努力，全国各级环境监测机构的监测能力进一步提升，已实现城市环境空气质量日报、重点流域水质周报、重点大气和水污染源实时监控、重点城市雾霾预警预报，已建立突发环境事件应急监测体系，城市环境空气质量、重点流域水质监测正向时报发展。

2002年，国家环境保护总局印发的《环境监测站建设标准（试行）》，规定了各级环境监测机构人员编制与结构、监测业务经费与用房、监测站基本仪器设备配置和专项监测工作增加的基础仪器设备标准；《环境监测管理办法》规定了县级以上环境保护系统的环境监测活动、监测工作职责、技术规范、信息发布与管理、环境监测网、业务指导和技术培训、能力建设标准、质量核查、监测工作标志、财政经费、法律责任等。2007年，国家环境保护总局印发的《全国环境监测站建设标准》，进一步规范了各级环境保护系统的环境监测机构东部、中部、西部人员编制与结构，监测经费，监测用房，基本仪器配置，应急监测仪器配置，专项监测仪器配置标准。

《国务院关于落实科学发展观加强环境保护的决定》进一步强调，各级人民政府要确保环境监测事业经费支出，加强环境保护队伍和能力建设，完善环境监测网络，建立环境事故应急监控和重大环境突发事件预警体系，实行环境质量公告制度，发布城市空气质量、城市噪声，饮用水水源水质、流域水质、近岸海域水质生态状况评价等环境信息。《国务院关于加强环境保护重点工作的意见》要求，完善主要污染物减排统计、监测和考核体系，提高环境应急监测能力，健全环境监测体系；增加污染物监测指标，改进环境质量评价方法；建立生物多样性监测、评估与预警体系；推进监测能力标准化建设，完善地级以上城市空气质量、重点流域、地下水、农产品产地国家重点监控点位和自动监测网络，扩大监测范围，建设国家环境监测网；推进环境专用卫星建设及其应用，提高遥感监测能力；加强污染源在线监控系统建设运行维护、监督管理和物联网在污染源在线监控、环境质量实时监测领域的应用，完善环境监测体制机制。

第二节　环境监测的基本原理和方法

一、环境监测的基本原理

（一）环境监测的物理原理

物理原理是环境监测的重要基础，主要涉及光学、声学、热学、电磁学等物理学知识。在环境监测中，物理原理的应用主要体现在以下几个方面：

1.光学测量

利用光线的反射、折射、吸收等特性，对环境中的物质进行测量。例如，通过测量水体的光谱反射率，我们可以了解水体中污染物的含量。

2.声学测量

利用声波在环境中的传播特性，对环境中的物质进行测量。例如，通过测量声波在空气中的传播速度，我们可以了解空气中的温度和湿度。

3.热学测量

利用温度的变化对环境中的物质进行测量。例如，通过测量土壤的温度变化，我们可以了解土壤中的水分含量。

4.电磁学测量

利用电磁场的特性对环境中的物质进行测量。例如，通过测量地磁场的变化，我们可以了解地下矿产资源的分布情况。

在环境监测中，物理技术还包括无线电波测量、微波测量等技术。这些技术可以用于测量大气中的微粒物、气溶胶等物质的含量，以及水体中的悬浮物、溶解氧等物质的含量。这些测量技术具有快速、方便等优点，能够为环境监测提供更加准确的数据。

（二）环境监测的化学原理

化学原理是环境监测的核心，主要涉及分析化学、无机化学、有机化学等化学知识。在环境监测中，化学原理的应用主要体现在以下几个方面：

1.样品采集

采集环境中的样品，为后续的化学分析提供基础数据。采集的样品可以是气体、液体或固体，应根据不同的监测目的和要求进行选择。

2.样品处理

对采集的样品进行预处理，如过滤、萃取、浓缩等，以去除干扰物质，提高分析的准确性。同时，根据分析目的和要求，对样品进行分解。

3.化学分析

利用各种化学分析方法，如滴定法、分光光度法、色谱法等，对样品中的目标物质进行定性和定量分析。这些方法可以提供关于样品中污染物的种类、浓度及其变化的信息。

4.数据处理

对化学分析结果进行数据处理，如数据的统计、回归分析、模式识别等，以揭示环境质量及其变化规律。同时，结合物理原理和其他相关信息，对数据进行综合分析和解释。

在环境监测中，化学原理还包括生物技术、分子生物学技术等。这些技术可以用于检测环境中的微生物、生物毒素等物质的含量和种类，为环境保护工作提供更加准确的数据和信息。

（三）环境监测的生物原理

生物原理在环境监测中的应用，主要集中在利用生物指示物和生态系统健康评估两个方面。

1.利用生物指示物

某些生物种类或群体对环境变化非常敏感，因此可以用作环境状况的生物指示物。例如，某些鱼类和昆虫对水质变化非常敏感，通过观察和检测这些生物的种群数量或行为变化，我们可以推断出水体的污染状况。同样，土壤中的微生物种群也可以反映土壤的健康状况。

2.生态系统健康评估

生态系统健康是指生态系统自我维持与发展的综合特性，表征生态系统所具有的活力、稳定性和自调节能力。通过监测生态系统的生物多样性、生产力、营养循环等关键指标，我们可以评估生态系统的健康状况。这种评估方法对预防和修复生态破坏、保护生物多样性具有重要意义。

生物监测的优点在于它可以提供关于生态系统功能和健康状况的直接信息，而这些信息往往是物理监测和化学监测无法提供的。然而，生物监测也存在一些缺点，比如生物种群的变化可能受到多种因素的影响，这使得对结果的解释变得复杂。

（四）环境监测的地理学原理

地理学原理在环境监测中的应用，主要体现在地理信息系统（geographical information system, GIS）和遥感技术的使用。

1.GIS

GIS 是在计算机硬件、软件系统支持下，对整个或部分地球表层（包括大气层）空间中的有关地理分布数据进行采集、储存、管理、运算、分析、显示和描述的技术系统。通过将环境监测数据与地理数据相结合，GIS 可以帮助我们理解环境问题的空间分布和模式。例如，通过将空气污染数据与地图相结合，我们可以清楚地看到污染物的空间分布和扩散模式。

2.遥感技术

遥感技术是通过传感器收集远距离目标反射或发射的电磁辐射信息，以识别和分析目标的技术。在环境监测中，遥感技术被广泛应用于土地覆盖变化监测、水体污染监测、森林健康监测等方面。例如，通过卫星遥感图像，我们可以监测到森林火灾、非法采伐等活动的发生。

地理学原理的应用使我们能够从空间和时间两个维度了解和解决环境问题。然而，这也需要我们具备相关的地理知识，以便有效地收集、分析和解释地理数据。

二、环境监测的基本方法

（一）采样方法

采样是环境监测的第一步，其目的是获取具有代表性的环境样品。以下是一些常见的采样方法：

1.直接采样

对于一些容易获取、对样品影响较小的环境要素，可以直接采集样品。例如，我们可以直接使用空气采样器对空气中的微粒物进行采集。

2.富集采样

对于一些浓度较低的环境要素，需要使用富集采样方法。这种方法通常包括在采样容器中加入吸附剂或吸收剂，以富集环境中的目标物质。例如，我们可以使用活性炭或硅胶等吸附剂对水体中的有机污染物进行富集采样。

3.被动采样

被动采样方法利用自然过程，如扩散、蒸发等，收集环境中的目标物质。这种方法适用于一些难以直接采集的环境要素，如土壤中的重金属。

4.遥感采样

遥感采样方法利用遥感技术获取环境数据。这种方法可以快速地获取环境信息，适用于大范围的环境监测。

在选择采样方法时，需要考虑监测目的、环境条件和可用的技术等因素。同时，为了保证采样的代表性，需要制订合理的采样计划。

（二）实验室分析方法

实验室分析是环境监测的重要环节，其目的是对采集的样品进行定性和定量分析，以确定环境中的污染物及其浓度。以下是一些常见的实验室分析方法：

1.滴定法

滴定法是一种通过滴定剂与样品中的目标物质发生化学反应来确定其浓度的方法。这种方法适用于对一些特定污染物指标的监测，如酸碱度、硬度等。

2.分光光度法

分光光度法是一种通过测量样品在特定波长下的吸光度来确定目标物质浓度的方法。这种方法适用于对一些具有特征光谱的污染物的监测，如重金属、有机污染物等。

3.色谱法

色谱法，又称层析法或色层法，是一种利用物质的溶解性、吸附性等特性的物理化学分离方法。这种方法适用于对一些复杂的混合物的监测，如石油烃、多环芳烃等。

4.质谱法

质谱法是一种通过测量样品中离子的质量来确定其浓度的方法。这种方法适用于对一些高分子量、难以分离的污染物的监测，如多氯联苯等。

实验室分析方法的优点是可以提供高精度的测量结果，适用于对环境质量要求较高的场合。然而，实验室分析方法也存在一些缺点，如样品处理复杂、分析时间长等。因此，在实际应用中需要根据具体情况选择合适的分析方法。

（三）现场快速分析方法

现场快速分析方法是指在现场快速测定环境样品中目标物质浓度的方法。这些方法通常具有快速、简便等优点，适用于应急监测和现场快速评估。现场监测常用的工具有便携式气体检测仪、便携式水质检测仪、便携式光谱仪等。

（四）遥感监测方法

遥感监测是一种利用遥感技术获取环境数据的方法。遥感技术包括卫星遥感、航空遥感和地面遥感等，可以获取大范围、连续的环境信息。

1.卫星遥感

卫星遥感利用卫星上的传感器获取地球表面的环境信息。卫星遥感具有覆盖范围广、获取数据快、连续性好等优点，适用于大范围的环境监测。例如，我们可以使用卫星遥感监测森林火灾、土地利用变化、海平面上升情况等。

2.航空遥感

航空遥感利用飞机、无人机等航空器上的传感器获取地球表面的环境信息。航空遥感具有机动性强、分辨率高、获取数据快等优点，适用于需要高分辨率数据的场合。例如，我们可以利用航空遥感监测城市空气质量、水体污染情况、土壤侵蚀程度等。

3.地面遥感

地面遥感利用地面上的传感器获取周围环境的信息。地面遥感具有操作简便、成本低廉等优点，适用于小范围的环境监测。例如，我们可以利用地面遥感监测工厂有毒气体排放情况、垃圾填埋场污染等环境问题。

第三节　环境监测的现状及存在的问题

一、环境监测的现状

环境监测就是指对生态系统中的指标进行具体测量和判断，以获得生态系统中某一指标的关键数据，借助统计数据，反映该指标的状况及变化趋势。这就为环境建设提供了数据基础。如今，环境监测的方法主要有三种：一是地面的现场调查，这项工作需要人力、物力的配合，即需要科技设备的支持，以便对环境破坏严重的地区进行考察实践；二是航空的低空照片研读，采用先进的小型侦察设备在平流层进行实况监测；三是靠源于外太空的一些数据，这就需要围绕地球转动的卫星在高空进行监测，科技含量比较高。这三种方法配合使用，就可以节省开支、降低成本，并且监测结果良好。同时，在监测时应该考虑到，每个地方的环境各异，测量方法也应随环境的变化而变化，这就要求各部门在监测前进行商讨，做好评估，考虑好备案，优中选优，以防环境的突发状况。

环境监测的本质是环境信息的生产。现阶段的环境监测内容包括物理学指标、化学指标、生物学指标、生态学指标、毒理学指标等，或者分为环境质量指标、自然生态指标、环境保护建设指标等。我国环境监测体系存在很多不足，比如，我国在对环境污染的监测上力度较小、起步较慢，缺乏实践，而且范围较小；我国偏重对生态过程的研究；我国现在的监测系统还没有具体的统一指标体系。

二、环境监测存在的问题

（一）环境监测设备落后

随着环境保护工作的逐步推进，人们越发重视绿色环保理念，但是我国在环境监测工作中仍旧存在一些问题有待解决，包括资金投入不足、缺少设备等，究其根本，是由于环境监测工作没有受到足够的重视。和发达国家相比，我国的环境监测设备仍需改进，政府及环境部门投入环境监测工作中的资金有限，甚至部分地区用于环境监测的设备严重缺失。

（二）环境监测技术水平较低

目前，我国环境监测技术水平有待提高。在不同地区经济发展水平不同的情况下，环境监测水平也存在较大差异。由于工业化的快速发展，工厂、企业排放的污染物种类逐渐增多，但对新环境下污染物监测方法的研究相对落后。在现有的监测方法下，很多污染物的监测很难达到预期标准。

（三）环境监测服务能力有限

环境监测是科学管理环境的重要依据。目前，我国的环境监测服务多由政府主导，而随着工业化水平的提高，企业不断壮大，仅靠政府进行环境监测已不能满足实际的需求，也不能实现对所有企业的有效监管，这就导致了政府环境监测服务的局限性。在这种趋势下，政府应放开环境监测市场，对此，环境主管部门有必要加强管理，以杜绝第三方检测机构为企业弄虚作假的情况发生。如何加强对环境监测的市场准入和监管，确保环境监测服务的有序发展是一个重大问题。

（四）环境监测人才储备不足

目前，我国很多环境监测机构存在人才不足问题，现有的工作人员通常是凭借丰富的工作经验来展开工作的，对环境监测质量管理工作的理解比较片面。之所以出现这种现象，除了因为专业人才需求量大于供应量，还有环境监测机构自身的因素，其未能对员工培训重视起来，导致员工无法及时更新专业知识和技能。除此之外，在我国目前的环境监测工作中，无论是我国自行研发的环境监测技术还是从国外引进的技术，在运用过程中都普遍存在缺乏质量管理的现象，存在着很大的质控风险。而且，管理系统上的缺陷会影响环境监测技术的实施，从而导致环境监测质量难以有效提高。

（五）环境监测行业资金投入不足

环境监测行业作为一种新兴行业，与其他行业相比具有一定的特殊性。首先，其采用的监测设备比较先进，购置这些设备和后期维护都需要投入较大的经济成本；其次，环境监测设备在日常运行中也会产生较大的费用；最后，监测设备的更新换代也是一笔不小的开支，这些开支远远超过了政府提供的资金支持，从而导致在环境监测系统正常运行中，一旦设备出现问题，无法及时维修。除此之外，在资金投入不足的情况下，环境监测设备的性能无法得到充分保障，相应的环境监测任务也不能及时执行，且设备如果出现问题，其监测的数据准确性也会大大降低，影响对环境监测信息的分析，从而对后续的环境监测及质量控制产生很大影响。

（六）环境监测质量管理制度不完善

一方面，缺乏完善的监督管理体系。在内部质量监督工作中，相关监管机构没有树立正确的观念，过分重视业务工作的开展，忽视质量控制工作，过分重视技术应用，忽视质量管理工作，这将大大增加内部质量监督问题发生的概率。在外部监督中，行政管理部门和市场部门负责环境质量监测。但由于专业人才严重缺乏，监测人员专业知识不足，容易出现外部质量监督管理问题。

另一方面，没有制定全面的质量保证体系。环境监测服务市场化改革实现后，社会监测机构将对提高社会经济发展水平发挥重要作用。但由于环境监测市场尚不成熟，也没有形成具有针对性的质量保证体系，这会给环境监测工作的开展带来诸多不利影响。

第四节　环境监测发展面临的新形势

一、相关法律法规对环境监测作出明确规定

我国资源环境领域相关法律法规对各自领域的环境监测都作出了明确规定，环境监测在生态环境保护中的基础性地位显而易见。《中华人民共和国环境保护法》对各级人民政府组织开展环境质量监测、污染源监督性监测、应急监测、监测预报预警、监测信息发布等方面作出规定，强调环境监测要统一规划和统一发布信息。

（一）大气环境监测方面

《中华人民共和国大气污染防治法》规定国务院生态环境主管部门负责制定对大气环境质量和大气污染源的监测和评价规范，组织建设与管理全国大气环境质量和大气污染源监测网，组织开展大气环境质量和大气污染源监测，统一发布全国大气环境质量状况信息。《中华人民共和国气象法》规定国务院气象主管机构负责全国气候资源的综合调查、区划工作，组织进行气候监测、分析、评价，并对可能引起气候恶化的大气成分进行监测，定期发布全国气候状

况公报。

（二）水环境监测方面

《中华人民共和国水法》规定要加强对水资源的动态监测和对水功能区的水质状况监测。《中华人民共和国水污染防治法》规定国家建立水环境质量监测和水污染物排放监测制度，国务院环境保护主管部门负责制定水环境监测规范，统一发布国家水环境状况信息，会同国务院水行政等部门组织监测网络，统一规划国家水环境质量监测站（点）的设置，建立监测数据共享机制，加强对水环境监测的管理。《中华人民共和国水土保持法》规定国务院水行政主管部门应当完善全国水土保持监测网络，对水土流失状况和变化趋势、水土流失危害、水土流失预防和治理等情况开展监测。《中华人民共和国海洋环境保护法》规定国务院生态环境主管部门负责海洋生态环境监测工作，制定海洋生态环境监测规范和标准并监督实施，组织实施海洋生态环境质量监测，统一发布国家海洋生态环境状况公报，定期组织对海洋生态环境质量状况进行调查评价。

（三）土壤和土地沙化环境监测方面

《中华人民共和国农业法》提出各级人民政府应当建立农业资源监测制度，并对耕地质量进行定期监测。《中华人民共和国防沙治沙法》提出国务院林业草原行政主管部门组织其他有关行政主管部门对全国土地沙化情况进行监测、统计和分析，并定期公布监测结果。《中华人民共和国土地管理法》提出国家建立土地调查制度、土地统计制度，对土地利用状况进行动态监测。

（四）草原和森林监测方面

《中华人民共和国草原法》提出国家建立草原生产、生态监测预警系统。县级以上人民政府草原行政主管部门对草原的面积、等级、植被构成、生产能力、自然灾害、生物灾害等草原基本状况实行动态监测。《中华人民共和国森林法》提出各级林业主管部门负责组织森林资源清查，建立资源档案制度。

二、绿色生态为环境监测带来重要机遇

互联网与生态文明建设的深度融合正在推进。“互联网＋”绿色生态，集中体现在构建覆盖主要生态要素的资源环境承载能力动态监测网络，实现生态环境数据互联互通和开放共享。在此形势下，环境监测网络体系既要能保证监测数据规模足够大，尽量覆盖各地区、各要素、各时段，又要保证监测数据质量足够高，具备科学性、准确性、可比性，同时，还要保证监测信息能共享、能应用。当前，运用大数据加强和改进生态环境监管已是大势，以往“用眼睛看、用鼻子闻、跟感觉走”的粗放监管模式逐渐转型发展为监测和监管联动的精准监管模式。

此外，山水林田湖的完整性对统筹生态环境监测提出新要求。生态文明建设要树立尊重自然、顺应自然、保护自然的理念，坚持山水林田湖是一个生命共同体。这是我国生态文明建设的理念，也是生态环境监测体制改革需坚持的基本原则。为了统筹监测大气、土壤、森林、草原、海洋等生态环境要素，需对位于上风向与下风向、上游与下游、地上与地下、陆地与海洋的各个监测网络体系进行整体布局和统一规划。目前，一些地方正在开展相关示范工作。

三、生态文明制度建设要以环境监测为基础

建设生态文明，必须建立系统完整的生态文明制度体系，包括健全自然资源资产产权制度、编制自然资源资产负债表、建立生态环境损害责任终身追究制、实行资源有偿使用制度和生态补偿制度、完善生态文明建设目标评价考核

制度等。这些重大制度的制定、执行、完善等，都有赖于健全的生态环境监测网络体系，也只有基于高质量的监测数据，才有助于构建包括源头严防、过程严管、后果严惩的约束机制，才能形成促进绿色发展、循环发展、低碳发展的激励机制。

第五节　环境监测的未来发展趋势及对生态环境保护的意义

一、环境监测的未来发展趋势

（一）监测对象更加广泛

国内环境监测侧重城市环境监测，为更好地保护环境，应扩大监测对象，全方位监测城市环境、乡村环境以及山川河流、沙漠极地等更大范围的生态环境变化，有效预防自然灾害，促进社会可持续发展。

（二）理论基础不断完善

统一管理是高效管理的前提，也是提高管理质量的必要条件之一。为提高生态环境监测管理质量，相关部门要高度重视对生态环境监测站点统一管理，统筹管理各个监测站点的数据，对其进行统一采集、统一统计、统一分析，形成流程化、体系化的生态环境监测数据管理信息化平台。同时，还要明确相关执行制度以及管理部门的职责，推进生态环境的监测信息、技术及资源等的整合。

（三）生态环境监测站点越来越多

为了最大限度发挥生态环境监测工作的作用，在未来我们需建立更多的生态环境监测站点，在对更多区域进行生态环境监测的基础上分析与整合数据，形成全国统一的生态环境监测网络。同时，在发展国内生态环境监测的基础上，加强与国外的交流，扩大生态环境监测的网络信息范围，提升生态环境监测工作效果。

（四）各项基础设施与配套设备不断完善

目前，我国加大了在资金、资源条件等方面的投入力度，完善了各项生态环境监测的基础设施与配套设备，并在不断更新相关制度，打造全国范围内规范、统一的生态环境监测制度体系。除此之外，我国还将在全国范围内增加一些生态环境信息采集点、监测站等监测管理单位，改进并完善原有监测管理单位的基础设施与配套设备，打造标准、规范的生态环境监测管理机制，逐渐形成全国范围内先进、完善的生态环境监测技术体系。

（五）各项生态环境监测技术不断融合应用

未来几年，我国将不断完善生态环境监测的方法，引进先进技术，提高自身的技术水平，加大在生态环境监测方面的科研力度，实现多种监测方式的有效融合与优化应用，逐步整合生态监测的新方式，推动生态环境监测技术走向信息化、数字化、智能化、自动化和规范化。在此基础上，完善各种监测设备，提高设备性能，提高设备获取信息的能力，实现监测手段的系统化、信息化，实现所获生态监测信息的连贯性、真实性，以及各种监测信息、数据等的融合共享，提高数据的传输效率。此外，在整合新型技术手段和传统技术手段的同时，借助数字化、信息化、智能化的现代技术优势，实现生态环境监测工作的统筹协作，实现各国之间的生态环境监测资源数据共享。

二、环境监测对生态环境保护的意义

（一）有利于做好环境治理工作

在工业生产中会产生一些环境污染物，如噪声、尾气、废水等，一些制造业对自然环境资源过度应用，也会打破生态环境的平衡，给人类的健康带来威胁。因此，需要做好环境监测工作。环境监测能够为环境保护提供相关的依据，任何领域开展工作都需要一个标准参考，环境保护部门的环境监测工作需要围绕具体的标准展开，这样才能根据标准对监测结果进行分析，才能了解污染程度，为后期环保措施的制定提供参考依据，让环境保护工作的开展更加科学化。此外，环境监测还能为环境保护工作提供参考，方便环境保护工作调整方向，帮助环境保护工作高效进行。生态环境具有一定的自我调节能力，但如果某地区污染量太大，超过生态环境的自我承受能力，就会导致生态环境被严重破坏。此时，环境监测技术人员可以结合区域内的环境状况，严格测定具体的污染物排放量，然后对其进行准确控制，给企业发放排污许可证，帮助区域内的经济实现更好的发展，帮助环境治理工作有效完成。

（二）有利于开展环境管理工作

现阶段的经济社会发展中，环境工程同步实施，各类环境保护工作的开展，对区域环境评估、保护和修复具有重要的作用。环境监测工作有效实现了环境管理的现代化。事实上，因为环境保护工程的特殊性，一切环境管理工程的实施都应该根据国家有关部门的保护条例、法律规范来开展，这就使得环境监测、环境保护的实施有效促进了环境问题的解决，大大提升了环境保护对社会的作用。环境监测中所获得的各种环境数据非常多，相关部门在整合与处理这些数据以后，可以得到环境问题的成因，进而从源头上采取有效的管控策略，因此，环境监测下的环境管理更具科学性。

（三）有利于提升环境保护工作效率

环境保护工作涉及多方面的内容，且易受到多种因素的影响。所以，环境保护工作人员在实际工作的过程中会遇到各种问题，如大气污染问题刚刚解决完，又出现了水资源污染问题，很多时候只能抑制表面，不能真正解决问题。环境保护是一项复杂性较高的工作，因此，相关工作人员应制定有针对性的解决措施，减少工作的盲目性，提升工作效率。

（四）有利于促进环境与经济协调发展

在各类活动开展的过程中，人们更为关注的是经济效益的实现，忽略了环境保护工作的开展，导致经济与环境的协调性不足，各种环境污染问题的出现引发了严重的后果，所产生的恶劣影响在短时间内是难以消除的。随着环境保护理念在全社会的推广，以及环境监测在环境保护中的应用，人们开始重视环境与经济发展的同步性和协调性，将环境保护工作置于与经济发展同等重要的地位，在全社会形成了一种新的工作机制，使得各种生产、生活活动都得到了有效监督，减小了环境问题出现的概率，创造了一个人与自然相对和谐的氛围。

（五）有利于提高生态环境监测质量管理水平

加强生态环境保护，要求我们能够对当前阶段生态环境的现状有充分的了解，使环境监测能够与实际情况更加契合，构建更加完善的国家环境质量监测体系。在条件允许的情况下，可以选择恰当区域设置生态环境监测中心，用于获取不同地区的环境监测数据，并对数据进行汇总，充分了解不同地区的环境情况，从而指导当地政府有针对性地调整环境保护策略。无论是国家还是地方环境保护部门，都应当积极承担起作为促进环境保护工作开展主体的责任，打造国家与地方政府相结合的一体化的环境监测质量管理体系。从加强内部控制着手，不断优化环境监测技术，制定完善的质量管理制度，在必要时引入第三方监督主体，对于不合理、不满足规范要求的监测行为予以严厉处罚，从根本上消除徇私舞弊的现象，为环境监测工作的有序推进保驾护航。

第二章　环境监测质量保证

第一节　环境监测实验室基础

实验室是获得监测结果的关键部门，要使监测质量达到规定水平，要有合格的实验室和合格的操作人员。仪器和玻璃量器是为分析结果提供原始测量数据的设备，其选择视监测项目的要求和实验室条件而定。仪器和量器的正确使用、定期维护和校准是保证监测质量的重要工作，也是反映操作人员素质的重要方面。

一、实验室用水

水是实验室常用的溶剂，不同的监测项目需要不同质量的水。市售蒸馏水或去离子水必须经检验合格后才能使用。实验室中应配备相应的提纯装置。

（一）实验室用水的质量指标

实验室用水应为无色透明的液体，其中不得有肉眼可见的杂质。实验室用水分三个等级，其质量应符合表 2-1 的规定。

表 2-1　实验室用水的质量指标

指标名称	一级水	二级水	三级水
pH 值范围（25℃）	—	—	5.0～7.5
电导率（25℃）/（S/m）	≤0.01	≤0.01	≤0.50
可氧化物质含量（以 0 计）/（mg/L）	—	≤0.08	≤0.4
吸光度（254 nm，1 cm 光程）	≤0.01	≤0.01	—
可溶性二氧化硅（以 SiO_2 计）	≤0.02	≤0.05	—
含量/（mg/L）	—	≤1.0	≤2.0

（二）实验室用水的制备和用途

实验室用水的原料水应当是饮用水或比较纯净的水，如被污染，必须进行预处理。

1.一级水

一级水基本上不含溶解杂质或胶态粒子及有机物。它可用二级水经进一步处理制得：二级水经过再蒸馏、离子交换混合床、0.2 μm 滤膜过滤等方法处理，或用石英蒸馏装置进一步蒸馏，可以得到一级水。一级水用于有严格要求的分析试验，制备标准水样或配制分析超痕量物质用的试液。

2.二级水

二级水可用蒸馏法、反渗透法或离子交换法制得的水通过再蒸馏的方法制备。二级水用于配制分析痕量物质用的试液。

3.三级水

三级水适用于一般实验工作，可用蒸馏法、反渗透法或离子交换法等方法制备。三级水用于配制分析微量物质用的试液。

（三）特殊要求的实验用水

1.不含氯的水

加入亚硫酸钠等还原剂将水中的余氯还原为氯离子，用附有缓冲球的全玻璃蒸馏器进行蒸馏。

2.不含氨的水

在 1 L 蒸馏水中加 0.1 mL 硫酸，在全玻璃蒸馏器中蒸馏，弃去 50 mL 初馏液，其余馏出液收于具塞磨口玻璃瓶中，密塞保存。

3.不含二氧化碳的水

常用的制备方法是将蒸馏水或去离子水煮沸 10 min，或使水量蒸发 10%以上加盖冷却，也可将惰性气体通入去离子水或蒸馏水中除去二氧化碳。

4.不含酚的水

加入氢氧化钠至水的 pH 值大于 11，使水中酚生成不挥发的酚钠后进行蒸馏制得，或用活性炭吸附法制取。

5.不含砷的水

蒸馏水或去离子水基本不含砷，进行痕量砷测定时应使用石英蒸馏器，使用聚乙烯树脂管及贮水容器贮存不含砷的蒸馏水。

6.不含铅的水

用氢型强酸性阳离子交换树脂制备不含铅的水，贮水容器应用 6 mol/L 硝酸浸洗后用无铅水充分洗净方可使用。

7.不含有机物的水

将碱性高锰酸钾溶液加入水中再蒸馏，再蒸馏的过程中应始终保持水中高锰酸钾的紫红色不得消退，否则应及时补加高锰酸钾。

（四）实验室用水的贮存

在贮存期间，水样被污染的主要原因是聚乙烯容器可溶成分的溶解或吸收空气中的二氧化碳和其他杂质。因此，一级水尽可能用前现制，二级水和三级水经适量制备后，可在预先经过处理并用同级水充分清洗过的密闭聚乙烯容器中贮存，室内应保证空气清新。

二、试剂与试液

实验室所用试剂、试液应根据实际需要合理选用，按规定浓度和需要量正确配制。试剂和配好的试液需按规定要求妥善保存，注意空气、温度、光照等因素的影响。另外，还要注意保存时间，一般浓溶液稳定性较好，稀溶液稳定性较差。配制溶液均需注明配制日期和配制人员，以备查核追溯。有时需对试剂进行提纯和精制，以保证分析质量。

三、仪器的检定与管理

仪器是开展监测分析工作不可缺少的基本工具，不同级别的监测站应配备符合要求的监测仪器。仪器性能和质量的好坏将直接影响结果的准确性，因此必须定期对仪器进行检定。

（一）仪器的检定

监测实验室所用分析天平的分度值常为万分之一克或十万分之一克，其精度应不低于三级天平的规定，应对天平的计量性能进行定期检定（每年由计量部门按相关规程至少检定一次），检验合格方可使用。

新的玻璃量器（如容量瓶、吸液管、滴定管等）在使用前均应进行检定，检验的指标包括量器的密合性、水流出时间、标准误差等，检验合格方可使用。

监测分析仪器（如分光光度计、pH 计、电导仪、气相色谱仪等）也必须定期检定，确保测定结果的准确性。

如果仪器在使用过程中出现了过载或错误操作，或显示的结果可疑，或在检定时发现有问题，应立即停止使用。修复的仪器必须经校准、检定，证明仪器的功能指标已经恢复后方可继续使用。

（二）仪器的管理

实验室监测仪器是环境监测工作的主要装备，各类仪器的精度、使用环境、使用条件、校正方法及日常维护要求都不尽相同，因此，必须采取相应的措施才能保证监测工作的质量。具体要求如下：

①仪器购置、验收、流转应受控，未经定型的专用检验仪器需提供相关技术单位的验证证明方可使用。

②各种精密贵重仪器以及贵重器皿（如铂器皿和玛瑙研钵等）要由专人管理，分别登册、建档。仪器档案应包括仪器使用说明书，验收和调试记录，仪器的各种初始参数，定期保修、检定和校准以及使用情况的记录等。

③精密仪器的安装、调试、使用和保养维修均应严格遵照仪器说明书的要求。上机人员考核合格后方可上机操作。

④使用仪器前应先检查仪器是否正常。仪器发生故障时，应立即查清原因，排除故障后方可继续使用。仪器用完之后，应将各部件恢复到所要求的位置，及时做好清理工作，盖好防尘罩。

四、实验室环境条件

（一）一般实验室

一般实验室应有良好的照明、通风、采暖等设施，同时还应配备停电、停水、防火等应急的安全设施，以保证分析检验工作的正常进行。一般实验室的环境条件还应符合人身健康和环保要求。大型精密仪器实验室中应配置相应的空调设备和除湿、除尘设备。

（二）清洁实验室

实验室空气中往往含有细微的灰尘以及液体气溶胶等物质，对于一些常规项目的监测不会造成太大的影响，但对痕量分析和超痕量分析会造成较大的误差。因此，在进行痕量分析和超痕量分析以及需要使用某些高灵敏度的仪器时，对实验室空气的清洁度就有较高的要求。

实验室空气的清洁度分为三个级别：100 号、10 000 号和 100 000 号。它是根据室内悬浮固体颗粒的大小和数量多少来分类的，一般有两个指标，即每平方米面积上≥0.5 μm 和≥5.0 μm 的颗粒数。

要达到清洁度为 100 号标准，空气进口必须用高效过滤器过滤。高效过滤器的效率为 85%～95%，对直径为 0.5～5.0 μm 颗粒的过滤效率为 85%，对直径大于 5.0 μm 颗粒的过滤效率为 95%。超净实验室面积一般较小（约 12 m^2），并有缓冲室，四壁涂环氧树脂油漆，桌面用聚四氟乙烯或聚乙烯膜，地面用整块塑料地板，门窗密闭，室内略带正压，用层流通风柜。

没有超净实验室条件的可采用一些其他措施。例如，样品的预处理、蒸干等操作最好在专用的通风柜内进行，并与一般实验室、仪器室分开。

第二节　环境监测数据处理

数据处理就是将所测得的原始数据如吸光度、峰高、积分面积等，经过数学公式的推导或按一定的计算程序经微机处理，得到所测物质的含量。为了保证评价测定数值的准确性和分析方法的可靠性，需按一定的程序进行运算，用一些常用的数理概念，如标准偏差、变异系数、相关系数、回收率等表达其准确性和可靠性，为此，有必要就数理统计中误差的概念及处理数据的基本方法做一些简单的介绍。

一、环境监测数据处理的相关概念

（一）精密度

精密度是指用特定的分析程序在受控条件下，重复分析均一样品所得测定值的一致程度，它反映分析方法或测量系统所存在的随机误差的大小。极差、平均偏差、相对平均偏差、标准偏差和相对标准偏差都可用来表示精密度大小，常用的是标准偏差。

（二）准确度

准确度表示用一个特定的分析程序所获得的分析结果（单次测定值和重复测定值的均值）与假定的或公认的真实值之间的符合程度。

（三）误差

任何测量都是由测量者取部分物质作为样品，利用其中被测组分的某种物理性质、化学性质，如质量、体积、吸光度、pH 值等，通过某种仪器进行的。不同的人、不同的样品组成、不同的测量方法，以及不同的仪器都可能给测量结果带来不同的误差。误差是客观存在的，任何测量都不可能绝对准确。在一定条件下，测量结果只能接近真实值而无法达到真实值。

定量分析的结果，通常不是只由一步测定直接得到的，而是由许多步测定通过计算确定的。这中间每一步测定都可能有误差，这些误差最后都要引入分析结果。因此，我们必须了解每步测定误差是如何影响计算结果的。这便涉及误差的传递问题。

系统误差的传递：如果定量分析中各步测定的误差是可定的，那么误差传递的规律可以概括为两条：①和、差的绝对误差等于各测定值绝对误差的和、差；②积、商的相对误差等于各测定值相对误差的和、差。

偶然误差的传递：如果各步测定的误差是不可定的，我们无法知道它们的正负和大小，不知道它们的确切值，也就无法知道它们对计算结果的影响，不过我们可以对它们的影响进行推断和估计。

极值误差法：是一种估计方法，它认为每步测定所处的情况都是最为不利的，即各步测定值的误差都是它们的可能最大值，而且其正负都会对计算结果产生方向相同的影响。这样计算出来的结果误差当然是最大的，故称极值误差。

标准偏差法：我们虽然不知道每个测定中不可定误差的确切值，但却知道它是最符合统计学规律的。因此，产生另一种不可定误差的估计方法，叫作标准偏差法，它是按照不可定误差的传递规律计算的。只要测定次数足够多，能够算出测定的标准偏差，就能用本法计算。这个规律可以概括为两条：①和、差的标准偏差的平方等于各测定值标准偏差的平方和；②积、商的相对标准偏差的平方等于各测定值相对标准偏差的平方和。

（四）灵敏度

分析方法的灵敏度是指该方法对单位浓度或单位量的待测物质的变化所引起的响应量变化的程度，它可以用仪器的响应量或其他指示量与对应的待测物质的浓度或量之比来描述，因此，常用标准曲线的斜率来度量灵敏度，灵敏度因实验条件而变。

（五）检出限

检出限是指分析方法在确定的实验条件下可以检测的分析物最低浓度或含量。若被测分析物在分析试样中的含量高于方法的检出限，则它可以被检出；反之，则不能被检出。

（六）测定限

测定限分为测定下限和测定上限。测定下限是指在测定误差能满足预定要求的前提下，用特定方法能够准确地定量测定待测物质的最小浓度或最低量；测定上限是指在测定误差能满足预定要求的前提下，用特定方法能够准确地定量测定待测物质的最大浓度或最高量。最佳测定范围，又叫有效测定范围，指在测定误差能满足预定要求的前提下，特定方法的测定下限到测定上限之间的浓度范围。方法适用范围是指某一特定方法检测下限至检测上限之间的浓度范围，显然最佳测定范围应小于方法适用范围。

（七）定量限

定量限是指样品中被测组分能被定量测定的最小浓度或最低量，其测定结果应具有一定的准确度和精密度。杂质和降解产物用定量方法测定时，应确定方法的定量限。定量限常用信噪比确定，一般以信噪比为 10∶1 时相应的浓度或注入仪器的量来确定定量限。

（八）空白实验

空白实验，又叫空白测定，是指用蒸馏水代替试样的测定。其所加试剂和操作步骤与实验测定完全相同。空白实验应与试样测定同时进行，试样分析时仪器的响应值，不仅是试样中待测物质的分析响应值，还包括其他因素，如试剂中的杂质、环境及操作过程中沾污等的响应值，这些因素是经常变化的，为了了解它们对试样测定的综合影响，在每次测定时，均应做空白实验，空白实验所得的响应值称为空白实验值。其对实验用水应有一定要求，即其中待测物质的浓度应低于方法的检出限。当空白实验值偏高时，应全面检查空白实验用水、试剂、量器和容器是否沾污、仪器的性能是否良好等。

（九）校准曲线

校准曲线是用于描述待测物质的浓度或量与相应的测量仪器的响应量或其他指示量之间的定量关系的曲线。监测中常用校准曲线的直线部分。某一方法的校准曲线的直线部分所对应的待测物质浓度（或量）的变化范围，称为该方法的线性范围。

二、有效数字及相应规则

（一）有效数字

在实验中，对于任一物理量的确定，其准确度是有一定限度的。例如，读取滴定管上的刻度，前三位数字是准确的，第四位数字因为没有刻度，是估计出来的，所以稍有差别。第四位数字不甚准确，称为可疑数字，但它并不是臆造的，所以记录时应该保留它。这四位数字都是有效数字。有效数字中，只有最后一位数字是不确定的，其他数字是确定的。具体来说，有效数字就是能测到的数字。

（二）数字修约规则

在处理数据过程中，涉及的各测量值的有效数字位数可能不同，因此，需要按下面所述的计算规则，确定各测量值的有效数字位数。各测量值的有效数字位数确定之后，就要将它后面多余的数字舍弃。舍弃多余数字的过程称为“数字修约”过程，它所遵循的规则称为“数字修约规则”。过去，人们习惯采用四舍五入规则，现在则通行“四舍六入五成双”规则。修约数字时，只允许对原测量值一次修约到所需要的位数，不能分次修约。

（三）计算规则

几个数相加或相减时，它们的和或差只能保留一位可疑数字，即有效数字位数的保留应以小数点后位数最小的数字为根据。

（四）分析检测中记录数据及计算分析结果的基本规则

①记录测定结果时，只保留一位可疑数字。由于测量仪器不同，测量误差可能不同，因此应根据具体实验情况正确记录测量数据。

②有效数字位数确定以后，按“四舍六入五成双”规则，弃去各数中多余的数字。

③几个数相加减时，以绝对误差最大的数为标准，使所得数只有一个可疑数字。几个数相乘除时，一般以有效数字位数最小的数为标准，弃去过多的数字，然后进行乘除。在计算过程中，为了提高计算结果的可靠性，可以暂时多保留一位数字，但在得到最后结果时，一定要弃去多余的数字。

④对于高含量组分（＞10%），一般要求分析结果有四位有效数字；对于中含量组分（1%～10%），一般要求分析结果有三位有效数字；对于微量组分（＜1%），一般要求分析结果有两位有效数字。

⑤在计算中，当涉及各种常数时，一般视为准确的，不考虑其有效数字的位数。

第三节　环境监测质量保证体系

环境监测质量保证是对整个监测过程的全面质量管理，环境监测质量控制是环境监测质量保证的一部分，它包括实验室内部质量控制和外部质量控制两个部分。

一、实验室的管理

监测质量的保证是以一系列完善的管理制度为基础的，严格执行科学的管理制度是对监测质量的重要保证。

（一）对环境监测分析人员的要求

①环境监测分析人员应具有一定的专业文化水平，经考试合格方能承担监测分析工作。

②熟练地掌握本岗位要求的监测分析技术，对承担的监测项目要做到理解原理、操作正确、严守规程，确保在分析测试过程中达到各种质量控制的要求。

③认真做好分析测试前的各项技术准备工作，实验用水、试剂、标准溶液、仪器等均应符合要求，之后方能进行分析测试。

④负责填报监测分析结果，做到书写清晰、记录完整、校对严格、实事求是。

⑤及时地完成分析测试后的实验室清理工作，做到现场环境整洁，工作交接清楚，做好安全检查。

⑥热爱本职工作，钻研科学技术，培养科学作风，遵守劳动纪律，搞好团结协作。

（二）对环境监测质量保证人员的要求

环境监测实验室内要指定专人负责监测质量保证工作。监测质量保证人员应熟悉质量保证的内容、程序和方法，了解监测环节中的技术关键，具备有关的数理统计知识，协助实验室的技术负责人进行以下工作：

①负责监督和检查环境监测质量保证各项内容的实施情况。

②按隶属关系定期组织实验室内及实验室间分析质量控制工作。

③组织有关的技术培训，帮助解决有关质量保证方面的技术问题。

（三）实验室安全制度

①实验室内需设各种必备的安全设施（如通风橱、防尘罩、排气管道及消防灭火器材等），并定期检查，保证随时可供使用。使用电、气、水、火时，应按有关使用规则进行操作，保证安全。

②实验室内各种仪器应有规定的放置处所，不得任意堆放，以免错拿、错用，造成事故。

③进入实验室应严格遵守实验室的规章制度，尤其是使用易燃、易爆和剧毒试剂时，必须遵照有关规定进行操作。实验室内不得吸烟、会客、喧哗、吃零食或私用电器等。

④下班时要有专人负责检查实验室的门、窗、水、电、煤气等，切实关好，不得疏忽大意。

⑤实验室的消防器材应定期检查，妥善保管，不得随意挪用。一旦实验室发生意外事故，应迅速切断电源、火源，立即采取有效措施，并上报有关领导。

（四）药品使用管理制度

①实验室使用的化学试剂应有专人负责发放，定期检查使用和管理情况。

②易燃、易爆物品应存放在阴凉通风的地方，并有相应安全保障措施。易燃、易爆试剂要随用随领，不得在实验室内大量积存。保存在实验室内的少量

易燃品和危险品应严格控制、加强管理。

③剧毒试剂应有专人负责管理，加双锁存放，批准使用时，两人共同称量，登记用量。

④取用化学试剂的器皿（如药匙、量杯等）必须分开，每种试剂用一件器皿，至少洗净后再用，不得混用。

⑤使用氰化物时，注意安全，不得在酸性条件下使用，并严防溅洒沾污。氰化物废液必须经处理再倒入下水道，并用大量流水冲洗。其他剧毒试液也应注意经适当转化处理后再行清洗排放。

⑥使用有机溶剂和挥发性强的试剂的操作应在通风良好的地方或在通风橱内进行。任何情况下，都不允许用明火直接加热有机溶剂。

⑦稀释浓酸试剂时，应按规定要求操作和贮存。

（五）仪器使用管理制度

①各种精密贵重仪器要有专人管理，分别登记造册、建卡立档。仪器档案应包括仪器说明书、验收和调试记录，仪器的各种初始参数，定期保养维修、检定、校准以及使用情况的记录。

②精密仪器的安装、调试、使用和保养维修均应严格遵照仪器说明书的要求。上机人员应该接受考核，考核合格方可上机操作。

③使用仪器前应先检查仪器是否正常。仪器发生故障时，应立即查清原因，排除故障后方可继续使用。

④仪器用完之后，应将各部件恢复到所要求的位置，及时做好清理工作，盖好防尘罩。

⑤仪器的附属设备应妥善安放，并经常进行安全检查。

（六）样品管理制度

①环境样品的采集、运送和保存都必须严格遵守有关规定，以保证其真实

性和代表性。

②实验室的技术负责人应和采样人员、测试人员共同议定详细的工作计划，周密地安排采样和实验室测试间的衔接、协调，以保证自采样开始至结果报出的全过程中，样品都具有代表性。

③对于需在现场进行处理的样品，应注明处理方法和注意事项，所需试剂和仪器应准备好，同时提供给采样人员。对采样有特殊要求时，应对采样人员进行培训。

④样品容器的材质要符合监测分析的要求，容器应密塞，不渗、不漏。

二、实验室质量保证

监测的质量保证从大的方面分为采样系统和测定系统两部分。实验室质量保证是测定系统中的重要部分，它分为实验室内质量控制和实验室间质量控制，目的是保证测量结果有一定的精密度和准确度。

（一）实验室内质量控制

实验室内质量控制是实验室分析人员对分析质量进行自我控制的过程。实验室分析人员一般通过分析和应用某种质量控制图或其他方法控制分析质量。

1.质量控制图的绘制及使用

对经常性的分析项目，常用控制图来控制质量。质量控制图的基本原理是由沃特·休哈特（Walter Shewhart）提出的，他指出每一个方法都存在着变异，都受到时间和空间的影响，即使在理想的条件下获得的一组分析结果，也会存在随机误差。但当某一结果超出随机误差的允许范围时，运用数理统计的方法，可以判断这个结果是异常的、不足信的。质量控制图可以起到这种监测的仲裁作用。因此，实验室内质量控制图是监测常规分析过程中可能出现的误差，控制分析数据在一定的精密度范围内，保证常规分析数据质量的有效方法。

2.其他质量控制方法

由于在分析过程中对样品和加标样品的操作完全相同，以致干扰的影响、操作损失或环境污染也很相似，使误差抵消，因而分析方法中某些问题尚难以发现，此时可采用以下方法：

（1）比较实验

对同一样品采用不同的分析方法进行测定，比较结果的符合程度来估计测定准确度。对于难度较大而不易掌握的方法或测定结果有争议的样品，常采用此法。必要时还可以交换操作者、交换仪器或两者都交换，将所得结果加以比较，以检查操作稳定性和发现问题。

（2）对照分析

在进行环境样品分析的同时，对标准物质或权威部门制备的合成标准样品进行平行分析，将后者的测定结果与已知浓度进行比较，以控制分析准确度。

（二）实验室间质量控制

实验室间质量控制的目的是检查各实验室是否存在系统误差，找出误差来源，提高监测水平，这一工作通常由某一系统的中心实验室、上级机关或权威单位负责。

1.实验室质量考核

由负责单位根据所要考核项目的具体情况，制定具体实施方案。考核方案一般包括以下内容：①质量考核测定项目；②质量考核分析方法；③质量考核参加单位；④质量考核统一程序；⑤质量考核结果评定。

考核内容：分析标准样品或统一样品；测定加标样品；测定空白平行，核查检测下限；测定标准系列，检查相关系数和计算回归方程，进行截距检验。通过质量考核，最后由负责单位综合实验室的数据进行统计处理后作出评价予以公布。各实验室可以从中发现所存在的问题并及时纠正。

为了减少系统误差，使数据具有可比性，在进行质量控制时，应使用统一的分析方法，首先应从国家或部门规定的“标准方法”中选定。当根据具体情况需选用“标准方法”以外的其他分析方法时，必须由该法与相应“标准方法”对几份样品进行比较实验，按规定判定无显著差异后方可选用。

2.实验室误差测验

在实验室间起支配作用的误差常为系统误差，为检查实验室是否存在系统误差、它的大小和方向以及其对分析结果的可比性是否有显著影响，可不定期地对实验室进行误差测验，以发现问题并及时纠正。

（三）标准分析方法和分析方法标准化

1.标准分析方法

标准分析方法又称方法标准，是国际技术标准中的一种。它是一项文件，是由权威机构对某项分析所做的统一规定的技术准则，是建立其他有效方法的依据。对于环境分析方法，国际标准化组织公布的标准系列中有空气质量、水质的一些标准分析方法，我国也公布了一些标准分析方法。标准分析方法必须满足以下条件：①按照规定程序编写，即按标准化程序进行；②按照规定格式编写；③方法的成熟性得到公认，并通过协作试验，确定方法的准确度、精密度和方法误差范围；④由权威机构审批和用文件发布。

2.分析方法标准化

标准是标准化活动的产物。标准化过程包括标准化实验和标准化组织管理。标准化工作受标准化条件的约束。

（四）实验室间的协作试验

协作试验是指为了一个特定的目的和按照预定的程序所进行的合作研究活动。协作试验可用于分析方法标准化、标准物质浓度定值、实验室间分析结果争议的仲裁和分析人员技术评定等工作。

分析方法标准化协作试验的目的是确定拟作为标准的分析方法在实际应

用的条件下可以达到的精密度和准确度，制定实际应用中分析误差的允许界限，以作为方法选择、质量控制和分析结果仲裁的依据。进行协作试验要预先制定一个合理的试验方案，并注意以下因素：

1.实验室的选择

参加协作试验的实验室要在地区和技术上有代表性，并具备参加协作试验的基本条件，如分析人员、分析设备等。避免选择技术水平太高和太低的实验室，实验室数目以多为好，一般要求 5 个实验室以上。

2.分析方法

方法应能满足确定的分析要求，并已写成了较严谨的文件。

3.分析人员

参加协作试验的实验室应指定具有中等技术水平以上的分析人员参加，分析人员应对被估价的方法具有实际经验。

4.试验设备

参加的实验室要尽可能用已有的可互换的同等设备。各种量器、仪器按规定校准，如同一试验有两人以上参加，除专用设备外，其他常用设备（如天平、玻璃器皿等）不得共用。

5.样品的类型和含量

样品基体应有代表性，在整个试验期间必须均匀、稳定。由于精密度往往与样品中被测物质浓度水平有关，一般至少要包括高、中、低 3 种浓度。如要确定精密度随浓度变化的回归方程，至少要使用 5 种不同浓度的样品。

6.分析时间和测定次数

同一名分析人员至少要在两个不同的时间进行同一样品的重复分析。一次平行测定的平行样品数目不得少于 2 个。每个实验室对每种含量的样品的总测定次数不应少于 6 次。

7.协作试验中的质量控制

在正式分析以前要分发类型相似的已知样，让分析人员进行练习，取得经验，以检查实验室的系统误差。

协作试验设计不同，数据处理的方法也不尽相同。以方法标准化为例，计算步骤：①整理原始数据，汇总成便于计算的表格；②核查数据并进行离群值检验；③计算精密度，并进行精密度与含量之间的相关性检验；④计算允许差；⑤计算准确度。

第三章　生态环境保护

第一节　生态环境保护相关概念

一、生态与生态文明

（一）生态

“生态”一词源于“生态学”。德国生物学家恩斯特·海克尔（Ernst Haeckel）在《有机体普通形态学》一书中首次提出 Oekoloie 这一科学术语，英文为 ecology（生态学）。ecology 这个术语来自希腊语，由两个希腊词根 oikos（住所、栖息地）和 logos（科学）拼成，合起来是“关于生物生活环境的科学”。生态学被定义为研究有机体与其周围环境相互关系的科学。

由于人类面临着环境、人口、资源等关系到人类生存的许多重大问题，而这些问题的解决往往依赖于生态学原理，因此生态学一跃成为世人瞩目的学科。虽然“生态”一词已成为一个流行词，但很多人并不完全明白它的含义。

首先，生态是一种关系，是指包括人在内的生物与周围环境间的一种相互作用关系。

其次，生态是一门学问：一是哲学，是人们认识自然、改造自然的世界观和方法论；二是科学，是研究包括人在内的生物与环境之间相互关系的系统科学；三是工程学，是模拟自然、生态结构、功能、机理建设人类社会和改造自然的工程学或工艺学；四是美学，是人类品味自然、享受自然的审美观。

最后，生态是“生态关系和谐的”“生态良性循环的”或“生态化的”的简称，如生态城市、生态旅游、生态文化等。根据词义学上约定俗成和从众原则，这类含义已逐渐被国际社会所公认。所谓生态化，其内涵是将生态学原则渗透到人类的全部活动范围中，用人和自然协调发展的观点思考问题，并根据社会和自然的具体可能性，恰当地处理人和自然的关系。

（二）生态文明

生态文明是人类在利用自然界的同时又主动保护自然界、积极改善和优化人与自然关系而取得的物质成果、精神成果和制度成果的总和。传统工业文明导致人与自然的对立，严重威胁了人类自身的生存和发展。生态文明坚持可持续发展的理念，从文明的高度统筹环境保护与经济发展之间的关系，通过生态文明建设在更高层次上实现人与自然、环境与经济、人与社会的协调发展。生态文明建设已经成为中国特色社会主义事业总体布局的重要组成部分，其内容涵盖了先进的生态伦理观念、发达的生态经济、完善的生态制度、基本的生态安全、良好的生态环境等。

作为人类文明的一种高级形态，生态文明以把握自然规律、尊重和维护自然为前提，以人与自然、人与人、人与社会和谐共生为宗旨，以资源环境承载力为基础，以建立可持续的产业结构、生产方式、消费模式及增强可持续发展能力为着眼点，具有以下特征：

一是在价值观念上，生态文明强调给自然以平等态度和人文关怀。人与自然作为地球的共同成员，既相互独立又相互依存。人类在尊重自然规律的前提下，利用、保护和发展自然，给自然以人文关怀。生态文化、生态意识成为大众文化意识，生态道德成为社会公德并具有广泛影响力。生态文明的价值观从传统的“向自然宣战”“征服自然”，向“人与自然协调发展”转变；从传统经济发展动力——利润最大化，向生态经济全新要求——福利最大化转变。

二是在实践途径上，生态文明体现为自觉自律的生产生活方式。生态文明追求经济与生态之间的良性互动，坚持经济运行生态化，改变高投入、高污染的生产方式，以生态技术为基础实现社会物质生产系统的良性循环，使绿色产业和环境友好型产业在产业结构中居于主导地位，成为经济增长的重要源泉。生态文明倡导人类克制对物质财富的过度追求和享受，选择既满足自身需要又不损害自然环境的生活方式。

三是在社会关系上，生态文明推动社会走向和谐。人与自然和谐的前提是人与人、人与社会的和谐。一般来说，人与社会和谐有助于实现人与自然和谐；反之，人与自然关系紧张也会给社会带来消极影响。

二、环境与生态环境

（一）环境

所谓环境，是指某一特定生物体或生物群体以外的空间，以及直接或间接影响该生物体或生物群体生存的一切事物的综合。环境总是相对于某一中心事物而言，并作为某一中心事物的对立面而存在。它因中心事物的不同而不同，随中心事物的变化而变化。与某一中心事物有关的周围事物，就是这个中心事物的环境。

就环境科学来说，中心事物是人。环境就是指以人类社会为主体的外部世界的总体。也可以说，环境就是人类生存环境，指的是环绕于人类周围的客观事物的整体，它包括自然环境，也包括社会环境，或者指围绕着人群空间，以及其中可以影响人类生活和发展的各种自然因素和社会因素的总体。

（二）生态环境

生态环境是指环境要素中对生物起作用的因子的总体。例如，光照、温度、湿度、水分、氧气、食物等，这些因子是生物生存所不可缺少的环境条件。环境要素中对生物起作用的各种因子并不是孤立存在的，而是相互作用的，生态环境是由生物群落及非生物自然因素组成的各种生态系统所构成的整体。

生态环境与环境是两个在含义上十分相近的概念，有时人们将其混用。但严格说来，生态环境并不等同于环境。环境的外延比较广，各种外部因素的总体都可以说是环境，但只有具有一定生态关系构成的系统整体才能称为生态环境。从这个意义上说，生态环境是环境的一种。

三、生态系统

（一）生态系统的基本概念

生态系统是指在一定空间内生物的成分和非生物的成分通过物质的循环和能量的流动互相作用、互相依存而构成的一个生态学功能单位。任何一个生态系统都是由生物系统和环境系统共同组成的，这就是它的结构特征。它所具有的物质循环、能量流动和信息联系，是生态系统整体的基本功能。

在自然界，只要在一定空间内存在生物和非生物两种成分，并能互相作用达到某种功能上的稳定性，哪怕是短暂的，这个整体就可以视为一个生态系统。因此，在我们居住的这个地球上有许多大大小小的生态系统，大至海洋、陆地，小至森林、草原、湖泊和小池塘。除了自然生态系统，还有很多人工生态系统，如农田、果园、城市、自给自足的宇宙飞船和用于验证生态学原理的各种封闭的微宇宙（亦称微生态系统）。由此可见，生态系统空间范围的大小是模糊的，往往是根据人们研究的需要而确定的。

生态系统是一个控制系统，通过反馈调节，维持系统的稳定状态。生态系统概念的提出为生态学的研究奠定了新的基础，极大地推动了生态学的发展。当前，自然资源的合理开发和利用，以及维护地球的生态环境已成为生态学研究的重大课题。这些问题的解决依赖于对生态系统的结构和功能、生态系统的多样性和稳定性，以及生态系统受干扰后的恢复能力和自我调控能力等问题进行深入研究。

（二）生态系统的基本特征

生态系统一般具有以下一些共性特征：

①生态系统是生态学上的一个主要结构和功能单位。一个物种在一定空间范围内的所有个体的总和在生态学里统称为种群，所有不同种的生物总和为群落，生物群落连同其所在的物理环境共同构成生态系统。

②生态系统具有自我调节功能。生态系统的结构越复杂，物种数目越多，自我调节的功能就越强。但任何生态系统都具有有限的自我调节能力，当破坏超过生态系统的自我调节能力，生态系统将发生质的变化，直至系统崩溃。

③能量流动、物质循环、信息传递是生态系统的三大功能。其中，能量流动是单向的，信息传递包含营养信息、化学信息、物理信息和行为信息等信息的传递。生态系统中的物质循环和能量流动是分不开的，二者互相依存、紧密结合。当能量流过食物链从一个营养级向另一个营养级传递时，营养物质也按同样的途径传递。

④生态系统是动态的，其早期形成和晚期发育具有不同的特性。

⑤生态系统具有等级结构，即较小的生态系统组成较大的生态系统，简单的生态系统组成复杂的生态系统。

（三）生态系统的组成与结构

任何一个生态系统都是由生物成分和非生物成分两部分组成的。生态系统中的非生物成分和生物成分是密切交织在一起、彼此相互作用的。虽然不同类型的生态系统生物种类差异很大，如水生生态系统中的生产者主要是藻类和其他维管束生物，消费者主要是鱼类和其他动物；而陆地生态系统中的生产者主要是高大的乔、灌木及草本植物、苔藓、地衣等，消费者主要是鸟、兽和昆虫等，但它们在功能运转方面是相似的。

（四）生态系统服务功能

生态系统为人类提供了许多社会、经济和文化生活中必不可少的物质资源和良好的生存条件。这些由生态系统的物种、群落、生境及其生态过程所产生的物质及其所维持的良好生活环境对人类与环境的服务性能称为生态系统服务功能。

（五）生态系统的稳定性

1.生态系统稳定性的含义

无论是自然的还是人工的生态系统，都是一种动态的开放系统。生态系统在与环境因素之间进行物质和能量交换的过程中，会不断受到外界环境的干扰。然而，一切生态系统对环境的干扰所带来的破坏都有一种自我调节、自我修复和自我延续的能力。我们把生态系统这种抵抗变化和保持平衡状态的倾向称为生态系统的稳定性或“稳态”。

2.生态系统稳定性的调控机制

生态系统是一个具有稳态机制的自动控制系统，它的稳定性主要通过系统的反馈调控来实现。当生态系统中某一成分发生变化时，必然会引起其他成分出现一系列相应的变化，这些变化最终又反过来影响起初发生变化的那种成分。生态系统的这种作用过程被称为反馈。反馈分为负反馈和正反馈两种类型。负反馈和正反馈在生态系统稳态调控中具有十分重要的作用。

负反馈是指使系统输出的变动在原变化方向上减速或逆转的反馈。生态系统的负反馈是比较常见的一种反馈，是指生态系统中某一成分变化所引起的其他一系列变化，反过来抑制或减弱最初引发变化的那种成分发生变化的作用过程。其作用结果是促使生态系统达到稳态和保持平衡。例如，草原因食草动物迁入、繁殖而数量增加，使得草原植物被过度啃食而减少；植物生产量的减少，反过来又会抑制食草动物种群和个体数量增加。

在自然生态系统中，长期的反馈联系促进了生物的协同进化，产生了诸如致病力—抗病性、大型凶猛的进攻型—小型灵活的防御型等相关性状。这些结构形式表现出来的长期反馈效应对自然生态系统形成一种受控的稳态有很大作用。另外，反馈作用还能使系统的抗干扰能力与应变能力大大增强。

正反馈与负反馈相反，是指使系统输出的变动在原变动方向上被加速的反馈。生态系统的正反馈是指生态系统中某一成分变化所引起的其他一系列变化，促进或加速最初引发其变化的那种成分进一步发生变化的作用过程。其作用结果是使生态系统进一步远离平衡状态或稳态。例如，一个湖泊生态系统受到污染，导致鱼死亡，使得鱼数量减少；鱼死亡后又会进一步加重污染，并引起更多的鱼死亡，使得湖泊污染越来越严重，鱼死亡数量越来越多。正反馈对生态系统往往具有极大的破坏作用，而且常常是爆发性的，所经历的时间也很短。但从长远看，生态系统中的负反馈和自我调节总是起着主要作用。

在自然生态系统中，生物常利用正反馈机制来迅速接近“目标”，如生命延续、生态位占据等，而负反馈则被用来使系统在“目标”附近获得必要的稳定。

3.生态系统稳定性的阈值

生态系统的稳定性是动态的，而不是静态的。这是由于生态系统中生物类群是不断变化的，系统内外界环境条件也在不断地变化。因此，生态系统的稳定性有一定的作用范围。在一定范围内，生态系统可以忍受一定程度的外界压力，并通过自我调控机制，抵御自然和人类所引起的干扰，恢复其相对平衡，保持其相对稳定性。若超出一定的范围，生态系统的自我调控机制就会失灵，其稳定性就会受到影响，相对平衡就会被破坏，甚至使系统崩溃。生态系统忍受一定程度的外界压力，维持其相对稳定性的这个限度就称为“生态阈值”。

生态阈值的大小取决于生态系统的成熟程度。生态系统越成熟，结构越复杂，阈值越高；反之，生态系统越不成熟，结构越简单，功能效率越低，生态系统对外界压力的反应越敏感，抵御剧烈生态变化的能力越弱，阈值就越低。不同生态系统在其发展进化的不同阶段有多种不同的生态阈值，只有了解这些阈值，才能合理地调控、利用和保护生态系统。

四、生态平衡

（一）生态平衡的含义

生态平衡是指在一定的时间和相对稳定的条件下，生态系统内各部分（生物、环境和人）的结构和功能均处于相互适应与协调的动态平衡。生态平衡是生态系统的一种良好状态。

生态平衡是相对的、整体的动态平衡。作为开放的系统，物质和能量的输入、输出始终在正常进行之中。局部、小范围的破坏或扰动可通过系统调控机制进行调节和补偿，局部的变动或不平衡不影响整体的平衡，这和相对的动态平衡是一致的。

（二）生态平衡的三个基本要素

生态平衡的三个基本要素是时空结构上的有序性、能量流和物质流收支平衡，以及自我修复和自我调节功能的保持。

衡量一个生态系统是否处于生态平衡状态，其具体内容：①时空结构上的有序性。表现在空间有序性上是指结构有规则地排列组合，小至生物个体的各个器官的排列井然有序，大至宏观生物圈内各级生态系统的排列，以及生态系统内各种成分的排列都是有序的；表现在时间有序性上就是生命过程和生态系统演替发展的阶段性、功能的延续性和节奏性。②能量流和物质流收支平衡，指系统既不能入不敷出，造成系统亏空，又不应入多出少，导致污染和浪费。③自我修复和自我调节功能的保持，抗逆、抗干扰、缓冲能力强。

因此，生态平衡状态是生物与环境高度适应、环境质量良好，整个系统处于协调和统一的状态。

第二节　生态环境保护的基本原理与基本原则

一、生态环境保护的基本原理

（一）保护生态系统结构的完整性

生态系统的功能是以系统完整的结构和良好的运行为基础的，因此，生态环境保护必须从功能保护着眼，从系统结构保护入手。生态系统结构的完整性包括：地域连续性、物种多样性、生物组成的协调性、环境条件匹配性。

（二）保护生态系统的再生能力

生态系统都有一定的再生和恢复功能。一般来说，生态系统的层次越多，结构越复杂，系统越趋于稳定，受到外力干扰后，恢复其功能的自我调节能力也越强；相反，越是简单的系统越是显得脆弱，受外力作用后，其恢复能力也越弱。

保护生态系统的再生能力一般应遵循以下基本原理：①保护一定的生境范围或者寻求条件类似的替代生境，使生态系统得以恢复或者易地重建；②保护生态系统恢复或者重建所必需的环境条件；③保护尽可能多的物种和生境类型，使重建或者恢复后的生态系统趋于稳定；④保护优势种群；⑤保护居于食物链顶端的生物及其生境；⑥对于退化中的生态系统，应当保证主要生态条件的改善。

（三）以生物多样性保护为核心

生物多样性对人类的生存与发展有着不可替代的意义，保护生物多样性应当遵循的原则：①避免物种濒危或灭绝；②保护生态系统的完整性；③防止生境损失和干扰；④保持生态系统的自然性；⑤可持续地利用生态资源；⑥恢复被破坏的生态系统和生境。

二、生态环境保护的基本原则

（一）坚持生态环境保护与生态环境建设并举

在加大生态环境建设力度的同时，坚持保护优先、预防为主、防治结合，彻底扭转一些地区边建设边破坏的被动局面。

（二）坚持污染防治与生态环境保护并重

应充分考虑区域和流域环境污染与生态环境破坏的相互影响，坚持污染防治与生态环境保护统一规划，同步实施，把城乡污染防治与生态环境保护有机结合起来，努力实现城乡环境保护一体化。

（三）坚持统筹兼顾，综合决策，合理开发

正确处理资源开发与环境保护的关系，坚持在保护中开发，在开发中保护。经济发展必须遵循自然规律，近期与长远统一，局部与全局兼顾。进行资源开发活动必须充分考虑生态环境的承载能力，绝不允许以牺牲生态环境为代价换取眼前的和局部的经济利益。

（四）坚持谁开发谁保护、谁破坏谁恢复、谁使用谁付费的制度

明确生态环境保护的权、责、利，充分运用法律手段、经济手段、行政手段和技术手段保护生态环境。

第三节　生态环境保护的重要性和意义

一、生态环境保护的重要性

（一）良好生态环境是最普惠的民生福祉

中国特色社会主义进入新时代，我国社会主要矛盾已经转化为人民日益增长的美好生活需要和不平衡不充分的发展之间的矛盾。经过四十多年的改革开放，我国经济社会取得巨大发展成就，人民群众的幸福感和获得感得到大幅提升，总体幸福指数也得到大幅提升，但生态环境问题也开始凸显，人民群众从注重“温饱”逐渐转变为更注重“环保”，从“求生存”转变为“求生态”。避免环境恶化、提高环境质量是广大人民群众的热切期盼。

2013 年，习近平总书记在海南考察工作结束时的讲话指出，良好生态环境是最公平的公共产品，是最普惠的民生福祉。2016 年，习近平总书记在省部级主要领导干部学习贯彻党的十八届五中全会精神专题研讨班上的讲话指出，环境就是民生，青山就是美丽，蓝天也是幸福。这实际上是强调要从民生改善与人民福祉的角度去改善生态环境。可以说，生态环境质量直接决定着民生质量，改善生态环境就是改善民生，破坏生态环境就是破坏民生。必须让人民群众在良好的生态环境中生产生活，让良好生态环境成为人民群众生活质量的增长点。改善生态环境，建设生态文明，突出体现了以人民为中心的发展思想。

（二）良好生态环境是人类生存与健康的基础

人因自然而生，人与自然是生命共同体，人类对大自然的伤害最终会伤及人类自身。生态环境没有替代品，用之不觉，失之难存。党的十八大以来，习近平总书记反复强调生态环境保护和生态文明建设。2015 年，习近平总书记在云南考察工作时的讲话指出，要把生态环境保护放在更加突出位置，像保护眼睛一样保护生态环境，像对待生命一样对待生态环境，就是因为生态环境是人类生存最为基础的条件，是我国持续发展最为重要的基础。

生态环境还是人类文明存在和发展的基础。历史上的文明古国都发源于生态环境良好的地区，但因为生态环境遭到破坏导致文明衰落的例子比比皆是。2018 年，习近平在全国生态环境保护大会上的讲话指出，生态兴则文明兴，生态衰则文明衰，这实际上道出了生态环境状况与文明发展兴衰的直接关系。所以说，生态环境保护是功在当代、利在千秋的事业，建设生态文明是中华民族永续发展的千年大计。

（三）良好生态环境是展现我国良好形象的发力点

建设生态文明关乎人类未来。国际社会应该携手同行，共谋全球生态文明建设之路，牢固树立尊重自然、顺应自然、保护自然的意识，坚持走绿色、低碳、循环、可持续发展之路。在这方面，中国责无旁贷，将继续作出自己的贡献。党的十八大以来，我国生态文明建设成效显著，引导应对气候变化国际合作，成为全球生态文明建设的重要参与者、贡献者、引领者。良好生态环境也成为展现我国良好形象的发力点。

按照党的十九大报告的部署，坚持人与自然和谐共生，坚定走生产发展、生活富裕、生态良好的文明发展道路，建设美丽中国，既能为人民创造良好生产生活环境，也能为全球生态安全作出贡献。

（四）良好生态环境是生产力

生态环境与生产力直接相关。生产力是人类改造自然的能力，由劳动资料、劳动对象、劳动者三个基本要素构成。自然界中的生态环境是劳动对象和劳动资料的基础和材料，因此是生产力直接的构成要件。纵观世界发展史，保护生态环境就是保护生产力，改善生态环境就是发展生产力。只要保护好了生态环境，就可以发展生态产业、绿色产业，实现经济价值。

二、生态环境保护的意义

（一）生态环境保护是实现可持续发展的必要条件

可持续发展是人类社会发展的必然趋势，而生态环境保护是实现可持续发展的必要条件。生态环境是人类生存和发展的重要基础，只有保护好生态环境，才能确保对自然资源的永续利用，满足当代和后代的发展需求。地球上的自然资源是有限的，而人类的需求却是不断增加的。如果不对自然资源进行保护，那么人类很快就会面临资源枯竭的问题。只有保护生态环境，才能保障自然资源的可持续利用，满足人类的发展需求。同时，保护生态环境还可以促进经济结构的调整和产业升级，推动经济的可持续发展。

（二）生态环境保护是提高生活质量的重要保障

随着生活水平的提高，人们对生态环境的要求也越来越高。良好的生态环境可以提高人们的生活质量，促进人们的身心健康。因此，生态环境保护不仅是实现可持续发展的必要条件，也是提高生活质量的重要保障。

保护生态环境可以改善人们的居住条件、提高人们的生活质量。良好的生态环境可以提供新鲜的空气、清澈的水源和美丽的风景，使人们能够享受到更加健康、舒适的生活环境。同时，保护生态环境还可以提高公共设施的建设和管理水平，为人们提供更加便捷、安全、舒适的生活服务。

（三）生态环境保护是推动生态文明建设的重要途径

生态文明建设是当前我国发展的重要战略，而生态环境保护是推动生态文明建设的重要途径。加强生态环境保护，可以促进资源的节约和环境的改善，推动经济、社会和环境的协调发展。

首先，随着人口增长和经济发展，资源短缺和环境污染问题已经成为全球关注的焦点。加强生态环境保护，可以减少资源消耗和环境污染，促进资源的节约和环境的改善。同时，还可以通过推广清洁能源、发展循环经济等方式，推动经济、社会和环境的协调发展。

其次，随着环保意识的提高和环保技术的不断发展，越来越多的企业和个人开始关注环保产业的发展。保护生态环境可以推动绿色产业的发展。

第四节　生态环境保护的主要内容及具体措施

一、生态环境保护的主要内容

（一）重要生态功能区的生态环境保护

1.建立生态功能保护区

江河源头区、重要水源涵养区、水土保持的重点预防保护区和重点监督区、江河洪水调蓄区、防风固沙区和重要渔业水域等重要生态功能区，在保持流域、区域生态平衡，减轻自然灾害，确保国家和地区生态环境安全等方面具有重要作用。对这些区域的现有植被和自然生态系统应严加保护，通过建立生态功能保护区，实施保护措施，防止生态环境的破坏和生态功能的退化。跨省域和重点流域、重点区域的重要生态功能区，建立国家级生态功能保护区；跨地（市）和县（市）的重要生态功能区，建立省级和地（市）级生态功能保护区。

各类生态功能保护区的建立，由各级环保部门会同有关部门组成评审委员会评审，报同级政府批准。生态功能保护区的管理以地方政府为主，国家级生态功能保护区可由省级政府委派的机构管理，其中跨省域的由国家统一规划批建后，分省按属地管理；各级政府对生态功能保护区的建设应给予积极扶持；农业、林业、水利、环保、国土资源等有关部门要按照各自的职责加强对生态功能保护区管理、保护与建设的监督。

2.对生态功能保护区采取保护措施

①停止一切导致生态功能继续退化的开发活动和其他人为破坏活动。

②停止一切产生严重环境污染的工程项目建设。

③改变粗放生产经营方式，走生态经济型发展道路。

④对已经破坏的重要生态系统，要结合生态环境建设措施，认真组织重建与恢复，尽快遏制生态环境的恶化趋势。

（二）重点资源开发利用的生态环境保护

切实加强对水、土地、森林、草原、海洋、矿产等重要自然资源的环境管理，加强资源开发利用中的生态环境保护工作。各类自然资源的开发，必须遵守相关的法律法规，依法履行生态环境影响评价手续；资源开发重点建设项目，应编报水土保持方案，否则一律不得开工建设。

1.水资源开发利用的生态环境保护

水资源的开发利用要全流域统筹兼顾，生产、生活和生态用水综合平衡，坚持开源与节流并重，节流优先，治污为本，科学开源，综合利用。建立缺水地区高耗水项目管制制度，逐步调整用水紧缺地区的高耗水产业，停止新上高耗水项目，确保流域生态用水。在发生江河断流、湖泊萎缩、地下水超采的流域和地区，应停止新的加重水平衡失调的蓄水、引水和灌溉工程；合理控制地下水开采，做到采补平衡；在地下水严重超采地区，划定地下水禁采区，抓紧清理不合理的抽水设施，防止出现大面积的地下漏斗和地表塌陷。继续加大对二氧化硫的控制力度，合理开发利用和保护水资源；对于擅自围垦的湖泊和填占的河道，要限期退耕还湖、还水。通过科学的监测评价和功能区划，规范排污许可证制度和排污口管理制度。严禁向水体中倾倒生活垃圾和建筑、工业废料，进一步加大对水污染的治理力度，加快城市污水处理设施、垃圾集中处理设施建设。加大对农业面源污染的控制力度，鼓励畜禽粪便资源化，确保养殖废水达标排放。

2.土地资源开发利用的生态环境保护

依据土地利用总体规划，实施土地用途管制制度，明确土地承包者的生态环境保护责任，加强生态用地保护。建设项目确需占用生态用地的，应严格依法报批和补偿，并实行“占一补一”的制度，确保恢复面积不少于占用面积。加强对交通、能源、水利等重大基础设施建设的生态环境保护监管，建设线路和施工场址要科学比选，尽量减少占用林地、草地和耕地，防止水土流失和土地沙化。加强对非牧场草地开发利用的生态监管。大江大河上中游的陡坡耕地要有计划、分步骤地实行退耕还林、还草，并加强对退耕地的管理，防止复耕。

3.森林、草原资源开发利用的生态环境保护

对具有重要生态功能的林区、草原，应划为禁垦区、禁伐区或禁牧区，严格管护；已经开发利用的，要退耕退牧、育林育草，使其休养生息。切实保护好各类水源涵养林、水土保持林、防风固沙林、特种用途林等生态公益林；对毁林、毁草开垦的耕地和造成的废弃地，要按照“谁批准谁负责，谁破坏谁恢复”的原则，限期退耕还林、还草。加强森林、草原防火和病虫鼠害防治工作，努力减少林草资源的灾害性损失；加大火烧迹地、采伐迹地的封山育林、育草力度；加速林区、草原生态环境的恢复。大力发展风能、太阳能、生物质能等可再生能源技术，减少樵采对林草植被的破坏。

4.生物物种资源开发利用的生态环境保护

生物物种资源的开发应在保护物种多样性和确保生物安全的前提下进行。依法禁止一切形式的捕杀濒危野生动物、采集濒危野生植物的活动。严厉打击非法的濒危野生动植物贸易。严格限制捕杀、采集和销售益虫、益鸟、益兽。加强野生生物资源开发管理，逐步划定准采区，规范采挖方式，严禁乱采滥挖。坚决制止在干旱、半干旱草原滥挖具有重要固沙作用的各类野生药用植物。切实搞好重要鱼类的产卵场、索饵场、越冬场、洄游通道和重要水生生物生境的保护。加强生物安全管理，建立转基因生物活体及其产品的进出口管理制度和风险评估制度。对引进外来物种必须进行风险评估，加强进口检疫工作，防止国外有害物种进入国内。

5.海洋和渔业资源开发利用的生态环境保护

海洋和渔业资源开发利用必须按功能区划进行，做到统一规划，合理开发利用。切实加强对海岸带的管理，严格对围垦造地建港、海岸工程和旅游设施建设进行审批，严格保护红树林、珊瑚礁、沿海防护林。加强对重点渔场、江河出海口、海湾及其他渔业水域等重要水生资源繁育区的保护，严格对渔业资源开发的生态环境保护进行监管。加大海洋污染防治力度，逐步建立污染物排海总量控制制度；加强对海上油气勘探开发、海洋倾废、船舶排污和港口环境的管理，逐步建立海上重大污染事故应急体系。

6.矿产资源开发利用的生态环境保护

严禁在生态功能保护区、自然保护区、风景名胜区、森林公园内采矿。严禁在崩塌滑坡危险区、泥石流易发区和易导致自然景观破坏的区域采石、采砂、取土。矿产资源的开发利用必须严格规划管理，开发应选取有利于生态环境保护的工期、区域和方式，把开发活动对生态环境的破坏降到最低限度。矿产资源开发必须防止次生地质灾害的发生。在沿江、沿河、沿湖、沿库、沿海地区开采矿产资源，必须落实生态环境保护措施，尽量减少对生态环境的破坏。

7.旅游资源开发利用的生态环境保护

旅游资源的开发必须明确环境保护的目标与要求，确保旅游设施建设与自然景观相协调。科学确定旅游区的游客容量，合理设计旅游线路，使旅游基础设施建设与生态环境的承载能力相适应。加强对自然景观、景点的保护，从严控制重点风景名胜区的旅游开发，严格管制索道等旅游设施的建设规模与数量，对不符合规划要求建设的设施，要限期拆除。旅游区的污水、烟尘和生活垃圾处理，必须实现达标排放和科学处置。

（三）生态良好地区的生态环境保护

生态良好地区特别是物种丰富区是生态环境保护的重点区域，要采取积极的保护措施，保证这些区域的生态系统和生态功能不被破坏。在物种丰富、具有自然生态系统代表性、未受破坏的地区，应抓紧抢建一批新的自然保护区。对西部地区有重要保护价值的物种和生态系统分布区，特别是重要荒漠生态系统和典型荒漠野生动植物分布区，应抢建一批不同类型的自然保护区。

1.重视城市生态环境保护

在城镇化进程中，要切实保护好各类重要生态用地。大中城市要确保一定比例的公共绿地和生态用地，深入开展园林城市创建活动，加强对城市公园、绿化带、片林、草坪的建设与保护，大力推广庭院、墙面、屋顶、桥体的绿化和美化。严禁在城区和城镇郊区随意开山填海、开发湿地，禁止随意填占溪、河、渠、塘。继续开展城镇环境综合整治，进一步加快能源结构调整和工业污染源治理，切实加强对城镇建设项目和建筑工地的环境管理，积极推进环保模范城市和环境优美城镇的创建工作。

2.加大生态示范区和生态农业县建设力度

鼓励和支持生态良好地区在实施可持续发展战略中发挥示范作用。进一步加快县（市）生态示范区和生态农业县建设步伐。在有条件的地区，努力推动地级和省级生态示范区建设。

二、生态环境保护的具体措施

（一）加强领导和协调，建立生态环境保护综合决策机制

①建立和完善生态环境保护责任制。

②积极协调和配合，建立行之有效的生态环境保护监管体系。

③建立经济社会发展与生态环境保护综合决策机制。

（二）加强法治建设，提高全民的生态环境保护意识

加强立法和执法，把生态环境保护纳入法治轨道。严格执行环境保护和资源管理的法律法规，严厉打击破坏生态环境的犯罪行为。抓紧开展有关生态环境保护与建设法律法规的制定和修改工作，制定生态功能保护区生态环境保护管理条例，健全、完善地方生态环境保护法规和监管制度。

（三）认真履行国际公约，广泛开展国际交流与合作

认真履行《生物多样性公约》《联合国防治荒漠化公约》《保护世界文化和自然遗产公约》等国际公约，维护国家生态环境保护的权益，承担与我国发展水平相适应的国际义务，为全球生态环境保护作出贡献。广泛开展国际交流与合作，积极引进国外的资金、技术和管理经验，推动我国生态环境保护的全面发展。

第四章 水环境监测与保护

第一节 水环境监测概述

一、水环境监测的目的、特点和原则

（一）水环境监测的目的

水环境监测是为国家合理开发利用和保护水土资源提供系统水质资料的一项重要的基础工作，是水环境科学研究和水资源保护的基础，对发展国民经济和保障人民健康等具有十分重要的意义。水环境监测的目的是及时、准确、全面地反映水环境质量现状及发展趋势，为水环境管理、规划、污染防治等提供科学依据。水环境监测的目的具体可归纳为以下几个方面：

①对进入江、河、湖、库、海洋等地表水体的污染物及渗透到地下水中的污染物进行经常性的监测，以掌握水环境质量现状及其发展趋势。

②对生产过程、生活设施及其他排放源排放的各类废水进行监测，为实现监督管理、控制污染提供依据。

③对水环境污染事故进行应急监测，为分析事故原因、危害及采取对策提供依据。

④为政府部门制定水资源保护法规、标准和规划，全面开展水环境管理工作提供有关资料。

⑤为开展水环境质量评价、水资源论证评价及进行水环境科学研究提供基

础数据。

⑥收集本底数据，积累长期监测资料，为研究水环境容量、实施总量控制、目标管理提供依据。

（二）水环境监测的特点

根据水环境监测对象、手段、时间和空间的多变性及污染组分的复杂性，水环境监测的特点可归纳如下：

1.水环境监测的综合性

水环境监测的综合性表现在以下几个方面：

①水环境监测手段包括化学、物理、生物、物理化学、生物化学及生物物理等一切可表征环境质量的方法。

②监测对象包括天然水体（江、河、湖、海及地下水）、生活污水、医院污水和各种工业废水等水体，只有对这些水体进行综合分析，才能准确描述水环境质量状况。

③对监测数据进行统计处理、综合分析时，需涉及该地区的自然和社会各个方面的情况，因此，必须综合考虑才能正确阐明数据的内涵。

2.水环境监测的连续性

由于水环境污染具有时空性，因此只有坚持长期测定，才能从大量的数据中揭示其变化规律、预测其变化趋势，数据越多，预测的准确度就越高。因此，监测点位的选择要科学，而且一旦监测点位的代表性得到确认，必须长期坚持监测。

3.水环境监测的追踪性

水环境监测包括监测目的的确定、监测计划的制订、采样、样品运送和保存、实验室测定数据整理过程，是一个复杂而又有联系的系统，任何一步的差错都将影响数据的质量。特别是区域性的大型监测，由于参加人员众多、实验室和仪器不同，必然使得技术和管理水平不同。为使数据具有可比性、代表性和完整性，需有一个量值追踪体系予以监督。为此，需要建立水环境监测的质量保证体系。

（三）水环境监测的原则

1.实用、经济原则

监测不是目的，是手段；监测数据不是越多越好，而是越有用越好；监测手段不是越现代化越好，而是越准确、可靠、实用越好。所以，在确定监测技术路线和技术装备时，要进行费用—效益分析，经过技术经济论证，尽量做到符合国情、省情和市情。

2.全面规划、协同监测原则

水环境问题的复杂性决定了水环境监测的多样性，需要把各地区、各部门、各行业的监测机构组成纵横交错的监测网络，才能全面掌握水环境质量和污染源状况，所以，必须全面规划、协同监测。

在监测布局上要进一步健全和完善全国水环境监测体系，按照各部门、各行业职能分工，各负其责，充分发挥各自的优势。环保部门以区域水环境质量监测、污染源监督监测和水污染事故应急监测为主；水利部门以江河湖库天然水体、地下水水体及取水退水的水质水量监测为主；工业部门以污染源监视监测和治理设施运行效果监测为主；城建部门以城市自来水和污水处理厂处理设施运行效果监测为主；林业部门以湿地水生态环境质量监测为主；农业部门以农药、化肥等面源污染监测和农业生态监测为主；海洋部门以海洋水环境质量监测和海洋生态监测为主。

二、水环境监测的对象、项目及其指标的分析方法

（一）水环境监测的对象与项目

水环境监测，就是通过适当的方法对影响环境质量的因素（即环境质量指标）的代表值进行测定，从而确定水环境质量及其变化趋势。水环境监测的对象，可分为受纳水体的水质监测和水的污染源监测。前者包括地表水（如江、河、湖、库、大海等）和地下水；后者包括工业废水、生活污水等。

水环境监测的项目，随水体功能和污染源的类型不同而异。水体污染物种类繁多，可达成千上万种，不可能也无必要一一监测。要根据实际情况和监测目的，选择环境标准中那些要求控制的影响大、分布范围广、测定方法可靠的环境指标项目进行监测。例如，《地表水环境质量标准》（GB 3838—2002）中，规定的基本水质指标项目为 24 项，如水温、pH 值、溶解氧、化学需氧量等，是评价水质时必须有的；若水体为集中式生活饮用水地表水源地，需补充 5 个项目，还可根据需要在集中式生活饮用水地表水源地特定的 80 个项目中选若干项。

（二）水质监测指标的分析方法

正确选择水质监测指标的分析方法，是获得准确测定结果的关键因素之一。选择测试分析方法需要考虑的因素：方法成熟、准确，操作简便，抗干扰能力好，结果可靠。根据上述内容，各国在大量实践的基础上，对各类水体的水质都编制了相应的测试分析方法技术规范。这些方法有以下三个层次，它们构成了完整的监测分析方法体系。

1.国家标准分析方法

我国已编制了 60 多项包括采样在内的标准测试分析方法，如《水质　pH 值的测定　玻璃电极法》（GB 6920—86）、《水质　溶解氧的测定　碘量法》（GB

7489—87）等，这是一系列比较成熟、准确度高的方法，是用于评价其他测试分析方法的基准方法。

2.全国统一的分析方法

有些项目的测试分析方法还不够成熟，但这些项目又急需测定，为此，经过研究，暂时确定为全国统一的分析方法，待不断完善后，则可上升为国家标准分析方法。

3.等效方法

与上述两类方法的灵敏度具有可比性的分析方法称为等效方法。这类方法必须经过对比实验，证明其与标准方法是等效的才能使用。

按照测试方法所依据的原理，常用的方法有化学法、电化学法、原子吸收分光光度计法、离子色谱法、气相色谱法、等离子体发射光谱法等。

第二节　水质监测方案的制定

不同水体的监测方案稍有差别，以下分别进行介绍。

一、地表水监测方案的制定

（一）基础资料的收集

在制定监测方案之前，应尽可能收集欲监测水体及所在区域的有关资料，主要包括以下几个方面：

①水体的水文、气候、地质和地貌资料，如水位、水量、流速及流向的变化；降雨量、蒸发量及历史上的水情；河流的宽度、深度，河床结构及地质状

况；湖泊沉积物的特性、间温层分布、等深线等。

②水体沿岸城市分布、工业布局、污染源及其排污情况、城市给排水情况等。

③水体沿岸的资源现状和水资源的用途、饮用水源分布和重点水源保护区、水体流域土地功能及近期使用计划等。

④历年的水质监测资料等。

（二）监测断面和采样点的设置

监测断面即采样断面，一般分为四种类型，即背景断面、对照断面、控制断面和消减断面。对地表水监测来说，并非所有的水体都必须设置四种断面。《水质 采样方案设计技术规定》（HJ 495—2009）中规定了水的质量控制、质量表征、污染物鉴别及采样方案的原则，强调了采样方案的设计。

采样点的设置应在调查研究、收集有关资料、进行理论计算的基础上，根据监测目的以及人力、物力等因素来确定。

1.河流监测断面和采样点的设置

对于江、河水系或某一河段，水系的两岸遍布很多城市和工厂，由此排放的城市生活污水和工业污水成为该水系受纳污染物的主要来源，因此，要设置四种断面，即对照断面、控制断面、消减断面和背景断面。

（1）对照断面

对照断面是具有判断水体污染程度的参比和对照作用或提供本底值的断面。它是为了解流入监测河段前的水体水质状况而设置的。这种断面应设在河流进入城市或工业区以前的地方。设置这种断面必须避开各种污水的排污口或回流处。对照断面常设在排污口上游 100～500 m 处，一般一个河段只设一个对照断面（有主要支流时可酌情增加）。

（2）控制断面

控制断面是为及时掌握受污染水体的现状和变化动态，进而进行污染控制而设置的断面。这类断面应设在排污区下游较大支流汇入前的河口处、湖泊或水库的出入河口及重要河流入海口处，以及国际河流出入国境交界处及有特殊要求的其他河段（如邻近城市饮水水源地、水产资源丰富区、自然保护区、与水源有关的地方病发病区等）。控制断面一般设在排污口下游 500～1 000 m 处。断面数目应根据城市工业布局和排污口分布情况而定。

（3）消减断面

消减断面是工业污水或生活污水在水体内流经一定距离而达到（河段范围）最大程度混合时，其污染状况明显减缓的断面。这种断面常设在城市或工业区最后一个排污口下游 1 500 m 以外的河段上。

（4）背景断面

当对一个完整水体进行污染监测时，需要设置背景断面。对一条河流的局部河段来说，通常只设对照断面而不设背景断面。背景断面一般设在河流上游不受污染的河段处或接近河流源头处，尽可能远离工业区、城市居民密集区和主要交通线以及农药和化肥施用区。通过对背景断面的水质监测，我们可获得该河流水质的背景值。

在设置监测断面后，应先根据水面宽度确定断面上的采样垂线，然后根据采样垂线的深度确定采样点数目和位置。一般是当河面水宽小于 50 m 时，设一条中泓垂线；当河面水宽为 50～100 m 时，在左右近岸有明显水流处各设一条垂线；当河面水宽为 100～1 000 m 时，设左、中、右三条垂线；河面水宽大于 1 500 m 时，至少设五条等距离垂线。在每一条垂线上，当水深小于或等于 5 m 时，可只在水面下 0.3～0.5 m 处设一个采样点；水深 5～10 m 时，在水面下 0.3～0.5 m 处和河底以上约 0.5 m 处各设一个采样点；水深 10～50 m 时，要设三个采样点，水面下 0.3～0.5 m 处设一个采样点，河底以上约 0.5 m 处设一个采样点，1/2 水深处设一个采样点；水深超过 50 m 时，应酌情增加采样点。

监测断面和采样点位置确定后，应立即设立标志物。采样时，以标志物为准，要在同一位置上采样，以保证样品的代表性。

2.湖泊、水库中监测断面和采样点的设置

在给湖泊、水库设置监测断面前，应先判断湖泊、水库是单一水体还是复杂水体，考虑汇入湖泊、水库的河流数量、季节变化及动态变化、沿岸污染源分布等，然后按以下原则设置监测断面：①在进出湖泊、水库的河流汇合处设监测断面；②以功能区为中心（如城市和工厂的排污口、风景游览区、排灌站等），在其辐射线上设置弧形监测断面；③在湖泊、水库中心，深、浅水区，滞流区，不同鱼类的洄游产卵区，水生生物经济区等设置监测断面。

湖泊、水库采样点的位置与河流相同。但由于湖泊、水库深度不同，会形成不同水温层，此时应先测量不同深度的水温溶解氧，确定水层情况后，再确定垂线上采样点的位置。采样点的位置确定后，同样需要设立标志物，以保证每次采样在同一位置上。

（三）采样时间和频率的确定

为使采取的水样具有代表性，能反映水质在时间和空间上的变化规律，必须确定合理的采样时间和采样频率，一般原则如下：①对较大水系干流和中、小河流，全年采样不少于 6 次，采样时间分为丰水期、枯水期和平水期，每期采样两次；②流经城市、旅游区等的水源每年采样不少于 12 次；③底泥在枯水期采样一次；④背景断面每年采样一次。

二、地下水监测方案的制定

（一）基础资料的收集

①收集监测区域的水文、地质、气象等方面的有关资料和以往的监测资料。例如，地质图、剖面图、测绘图、水井的成套参数、含水层、地下水补给、径流和流向，以及温度、湿度、降水量等。

②调查监测区域内城市发展、工业分布、资源开发和土地利用情况，尤其是地下工程规模等；了解化肥和农药的施用面积和施用量；查清污水灌溉、排污、纳污和地表水污染现状。

③测量水位、水深，以确定采水器和泵的类型、所需费用和采样程序。

④确定主要污染源和污染物，并根据地区特点与地下水的主要类型把地下水分成若干个水文地质单元。

（二）采样点的设置

1.地下水背景值采样点的确定

采样点应设在污染区外，如需查明污染状况，可贯穿含水层的整个饱和层，在垂直于地下水流方向的上方设置。

2.受污染地下水采样点的确定

对于作为应用水源的地下水，现有水井常被用作日常监测水质的现成采样点。当地下水受到污染，需要研究其受污染情况时，则需设置新的采样点。例如，在与河道相邻近地区新建了一个占地面积不太大的垃圾堆场的情况下，为了监测垃圾中污染物随径流渗入地下并被地下水挟带转入河流的状况，应设置地下水监测井。如果含水层渗透性较大，污染物会在此水区形成一个条状的污染带，那么监测井的位置应处在污染带内。

一般地下水采样时应在液面下 0.3～0.5 m 处采样，若有间温层，可按具体情况分层采样。

（三）采样时间和频率的确定

采样时间与频率一般是每年应在丰水期和枯水期分别采样检验一次，10 天后再采样检验一次可作为监测数据报出。

三、水污染源监测方案的制定

（一）基础资料的收集

1.调查污水的类型

工业废水、生活污水、医院污水的性质和组成十分复杂，它们是水体污染的主要原因。根据监测的任务，首先需要了解污染源所产生的污水类型。工业废水、生活污水、医院污水等所生成的污染物具有较大的差别。相对而言，工业废水往往是监测的重点，这是由于工业废水不仅量大而且污染物浓度高。工业废水可分为物理污染污水、化学污染污水等。

2.调查污水的排放量

对于工业废水，可通过对生产工艺的调查，计算出排放量并确定需要监测的项目；对于生活污水和医院污水，则可在排水口安装流量计或自动监测装置进行排放量的统计。

3.调查污水的去向

调查内容：①车间、工厂、医院或地区的排污口数量和位置；②直接排入还是通过渠道排入江、河、湖、库、海中，是否有排放渗坑。

（二）采样点的设置

1.工业废水源采样点的确定

①含汞、镉、砷、铅、苯并芘等第一类污染物的污水，不分行业或排放方式，一律在车间处理设施的排出口设置采样点。

②含酸、碱、悬浮物、生化需氧量、硫化物、氟化物等第二类污染物的污水，应在排污单位的污水出口处设采样点。

③有处理设施的工厂，应在处理设施的排放口设采样点，为对比处理效果，在处理设施的进水口处也可设采样点，同时采样分析。

④在排污渠道上，选择道直、水流稳定、上游无污水流入的地方设采样点。

⑤在排水管道或渠道中流动的污水，因为管道壁的滞留作用使同一断面的不同部位流速和浓度都有变化，所以可在水面下 1/4～1/2 处采样，作为代表平均浓度水样采集。

2.综合排污口和排污渠道采样点的确定

①在一个城市的主要排污口或总排污口设采样点。

②在污水处理厂的污水进出口处设采样点。

③在污水泵站的进水和安全溢流口处设采样点。

④在市政排污管线的入水处设采样点。

（三）采样时间和频率的确定

工业废水的污染物含量和排放量常随工艺条件及开工率的不同而有很大差异，故采样时间、周期和频率的选择是一个比较复杂的问题。

一般情况下，可在一个生产周期内每隔 0.5 h 或 1 h 采样 1 次，将其混合后测定污染物的平均值。如果取几个生产周期（如 3～5 个生产周期）的污水样监测，可每隔 2 h 取样 1 次。对于排污情况复杂、浓度变化大的污水，采样时间间隔要缩短，有时需要 5～10 min 采样 1 次，这种情况最好使用连续自动采样装置。对于水质和水量变化比较稳定或排放规律性较好的污水，待找出污染物浓度在生产周期内的变化规律后，采样频率可大大降低，如每月采样测定两次。

城市排污管道大多数受纳 10 个以上工厂排放的污水，由于在管道内污水已进行了混合，故在管道出水口，可每隔 1 h 采样 1 次，连续采集 8 h，也可连续采集 24 h，然后将其混合制成混合样，测定各污染组分的平均浓度。

《地表水和污水监测技术规范》（HJ/T 91—2002）中对向国家直接报送数据的污水排放源规定：工业废水每年采样监测 2～4 次；生活污水每年采样监测 2 次，春、夏季各 1 次；医院污水每年采样监测 4 次，每季度 1 次。

第三节　水样的采集、运输、保存和预处理

一、水样的采集

采样前，要根据监测项目、监测内容的具体要求，选择适宜的盛水容器和采样器，并清洗干净。采集和盛装水样的容器要形状、大小适宜，容易清洗。同时，要确定总采样量（分析用量和备份用量），并准备好交通工具。

（一）采样设备

采集表层水样，可用桶、瓶等容器直接采集。目前，我国已经生产出不同类型的水质监测采样器，如单层采水器、直立式采水器、深层采水器、连续自动定时采水器等，广泛用于废水和污水采样。

常用的简易采水器，是一个装在金属框内用绳吊起的玻璃瓶或塑料瓶，框底装有重锤，瓶口有塞，用绳系牢，绳上标有高度。采样时，将采样瓶降至预定深度，将细绳上提，打开瓶塞，水样即流入并充满采样瓶，然后用塞子塞住。

急流采水器适于采集地段流量大、水层深的水样。它将一根长钢管固定在铁框上，钢管是空心的，管内装橡皮管，管上部的橡皮管用铁夹夹紧，下部的橡皮管与瓶塞上的短玻璃管相接，橡皮塞上另有一个长玻璃管直通采样瓶底部。采集水样前，需将采样瓶的橡皮塞子塞紧，然后沿船身垂直方向伸入特定水深处，打开铁夹，水样即沿长玻璃管流入采样瓶中。此种采水器是隔绝空气采样的，可供测定溶解氧。

沉积物采样分表层沉积物采样和柱状沉积物采样。表层沉积物采样是用各种掘式和抓式采样器，用手动绞车或电动绞车进行采样；柱状沉积物采样是用

各种管状或筒状的采样器，利用自身重力或通过人工锤击，将管子压入沉积物中直至所需深度，然后将管子提上来，用通条将管子中的柱状沉积物样品压出。

（二）盛样容器

采集和盛装水样或底质样品的容器要求材质化学稳定性好，保证水样各组分在贮存期内不与容器发生反应，能够抵御环境温度从高温到严寒的变化，抗震，大小、形状和重量适宜，能严密封口并容易打开，容易清洗并可反复使用。采集和盛装水样的容器常用材料有高压聚乙烯塑料、一般玻璃和硬质玻璃。不同监测项目盛样容器应选用适当的材料。

水质监测，尤其是进行痕量组分测定时，常常因容器污染造成误差。为减少器壁溶出物对水样的污染，需注意容器的洗涤方法。应先用水和洗涤剂洗净，用自来水冲洗后备用。常用洗涤法是用重铬酸钾-硫酸洗液浸泡，然后用自来水冲洗和蒸馏水荡洗；用于盛装重金属监测样品的容器，需用 10%硝酸或盐酸浸泡数小时，再用自来水冲洗，最后用蒸馏水洗净。容器的洗涤还与监测对象有关，洗涤容器时要考虑监测对象，如测硫酸盐和铬时，容器不能用重铬酸钾-硫酸洗液浸泡；测磷酸盐时不能用含磷洗涤剂洗涤容器；测汞时容器洗净后需用硝酸浸泡数小时。

（三）采样方法

①在河流、湖泊、水库及海洋采样应有专用监测船或采样船。如果位置合适，可在桥或坎上采样。较浅的河流和近岸水浅的采样点可以涉水采样。采样容器口应迎着水流方向，采样后立即加盖塞紧，避免接触空气，并避光保存。深层水可用抽吸泵采样，船行驶至特定采样点，将采水管沉降至规定的深度，用泵抽取水样即可。采集底层水样时，切勿搅动沉积层。

②采集自来水或从机井采样时，应先放水数分钟，使积留在水管中的杂质及陈旧水排除后再取样。采样器和塞子应用采集水样洗涤 3 次。对于自喷泉水，

在涌水口处直接采样。

③从浅埋排水管、沟道中采集废（污）水，用采样容器直接采集。对埋层较深的排水管、沟道，可用深层采水器或固定在负重架内的采样容器，沉入检测井内采样。

④采用自动采水器可自动采集瞬时水样和混合水样。当废（污）水排放量和水质较稳定时，可采集瞬时水样；当废（污）水排放量较稳定，水质不稳定时，可采集时间等比例水样；当二者都不稳定时，必须采集流量等比例水样。

（四）水样采集量和现场记录

水样采集量根据监测项目确定，不同的监测项目对水样的用量和保存条件有不同的要求，所以采样量必须按照各个监测项目的实际情况分别计算，再适当增加 20%～30%。底质采样量通常为 1～2 kg。

采样完成并加好保存剂后，要贴上样品标签或在水样说明书上做好详细记录，记录内容包括采样现场描述与现场测定项目两部分。采样现场描述的内容包括：样品名称、编号、采样断面、采样点、添加的保存剂的种类和数量、监测项目、采样者、登记者、采样日期和时间、气象参数（如气温、气压、风向、风速、相对湿度等）、流速、流量等。水样采集后，对有条件进行现场监测的项目进行现场监测，如水温、色度、臭味、pH 值、电导率、溶解氧、透明度、氧化还原电位等，以防变化。

二、水样的运输与保存

（一）水样的运输

对采集的每一个水样都要做好记录，在采样容器上贴好标签，尽快送到实验室。运输过程中，应注意：①要塞紧样品容器口的塞子，必要时用封口胶密封；②为避免水样在运输过程中因震动、碰撞而损坏和沾污，最好将样瓶装箱，并用泡沫塑料等填充物塞紧；③需冷藏的样品，应放入冷藏设备中运输，避免日晒；④冬季应防止水样结冰冻裂样品瓶。

（二）水样的保存

水样在存放过程中，可能会发生一系列理化性质的变化。生物的代谢活动会使水样的溶解氧、生化需氧量、二氧化碳、磷酸盐、硫酸盐、硝酸盐和某些有机化合物的浓度发生变化。由于化学作用，测定组分可能被氧化或还原，如六价铬在酸性条件下易被还原为三价铬，余氯可能被还原变为氯化物，硫化物、亚硫酸盐、亚铁、碘化物和氰化物可能因氧化而损失；由于物理作用，测定组分会被吸附在容器壁上或悬浮颗粒物的表面上，如金属离子可能与玻璃器壁发生吸附和离子交换，溶解的气体可能损失或增加，某些有机化合物易挥发等。为了减少水样的组分在存放过程中的变化，部分项目要在现场测定。不能尽快分析时，应根据不同监测项目的要求，放在性能稳定的材料制成的容器中，采取适宜的保存措施。

为了减缓水样在存放过程中的生物作用、化合物的水解和氧化还原作用及挥发和吸附作用，需要对水样采取适宜的保存措施：①选择适当材料的容器；②控制溶液的 pH 值；③加入化学试剂抑制氧化还原反应和生化反应；④冷藏或冷冻以降低细菌活性和化学反应速率。

三、水样的预处理

水样所含组分复杂，多数待测组分的浓度低，存在形态各异，且样品中存在大量干扰物质，因此，在分析测定之前，需要进行样品预处理，以得到待测组分符合分析方法要求的形态和浓度，并与干扰性物质最大限度地分离。水样的预处理主要指水样的消解、待测组分的富集与分离。

（一）水样的消解

在对含有有机物的水样中的无机元素进行测定时，需要对水样进行消解处理。消解处理的目的是破坏有机物、溶解颗粒物，并将各种价态的待测元素氧化成单一高价态或转变成易于分离的无机化合物。消解主要有湿式消解法和干灰化法两种。消解后的水样应清澈、透明、无沉淀。

1.湿式消解法

（1）硝酸消解法

对于较清洁的水样，可用此法。具体方法：取混匀的水样 50～200 mL 于锥形瓶中，加入 5～10 mL 浓硝酸，在电热板上加热煮沸，缓慢蒸发至小体积，试液应清澈透明，呈浅色或无色，否则，应补加少许硝酸继续消解。蒸至近干时，取下锥形瓶，稍冷却后加 2%硝酸溶液 20 mL，溶解可溶盐。若有沉淀，应过滤，滤液冷却至室温后于 50 mL 容量瓶中定容，备用。

（2）硝酸-硫酸消解法

这两种酸都是强氧化性酸，其中，硝酸沸点低，而浓硫酸沸点高，两者联合使用，可大大提高消解温度和消解效果。常用的硝酸与硫酸的比例为 5∶2。消解时，先将硝酸加入水样中，加热蒸发至小体积，稍冷，再加入硫酸、硝酸，继续加热蒸发至冒大量白烟，冷却后加适量水，溶解可溶盐。若有沉淀，应过滤，滤液冷却全室温后定容，备用。为提高消解效果，常加入少量过氧化氢。该法不适用于含易生成难溶硫酸盐组分（如铅、钡、锶等元素）的水样。

（3）硝酸-高氯酸消解法

这两种酸都是强氧化性酸，联合使用可消解含难氧化有机物的水样。具体方法：取适量水样于锥形瓶中，加 5～10 mL 硝酸，在电热板上加热、消解至大部分有机物被分解。取下锥形瓶，稍冷却，再加 2～5 mL 高氯酸，继续加热至冒白烟，如试液呈深色再补加硝酸，继续加热至冒浓厚白烟，取下锥形瓶，冷却后加 2%硝酸溶液，溶解可溶盐。若有沉淀，应过滤，滤液冷却至室温后定容，备用。因为高氯酸能与羟基化合物反应生成不稳定的高氯酸酯，有发生爆炸的危险，所以应先加入硝酸氧化水样中的羟基有机物，稍冷后再加高氯酸处理。

（4）硫酸-磷酸消解法

这两种酸的沸点都比较高，其中，硫酸氧化性较强，磷酸能与一些金属离子络合，两者结合消解水样，有利于测定时消除金属离子的干扰。

（5）硫酸-高锰酸钾消解法

该方法常用于消解测定含汞的水样。高锰酸钾是强氧化剂，在中性、碱性、酸性条件下都可以氧化有机物，其氧化产物多为草酸根，但在酸性介质中还可继续氧化。消解要点：取适量水样，加适量硫酸和 5%高锰酸钾溶液，混匀后加热煮沸，冷却，滴加盐酸羟胺破坏过量的高锰酸钾。

（6）多元消解法

为提高消解效果，在某些情况下需要通过多种酸的配合使用，特别是在要求测定大量元素的复杂介质体系中。例如，在处理测定总铬废水时，需要使用硫酸、磷酸和高锰酸钾消解体系。

2.干灰化法

干灰化法又称高温分解法。具体方法：取适量水样于白瓷或石英蒸发皿中，于水浴上先蒸干，固体样品可直接放入坩埚中，然后将蒸发皿或坩埚移入马福炉内，于 450 ℃～550 ℃灼烧至残渣呈灰白色，使有机物完全分解去除。取出蒸发皿，稍冷却后，用适量 2%硝酸溶液溶解样品灰分，过滤后，滤液经定容后供分析测定。本方法不适用于处理测定易挥发组分（如砷、汞、镉、硒、锡等）的水样。

（二）待测组分的富集与分离

在水质监测中，待测物的含量往往极低，大多处于痕量水平，常低于分析方法的检出下限，并有大量共存物质存在，干扰因素多，所以在测定前要进行水样中待测组分的分离与富集，以排除分析过程中的干扰，提高测定的准确性和重现性。富集和分离过程往往是同时进行的，常用的方法有过滤、挥发、蒸发、蒸馏、溶剂萃取、沉淀、吸附、离子交换、冷冻浓缩、层析等，比较先进的技术有固相萃取、微波萃取、超临界流体萃取等，应根据具体情况选择使用。

1.挥发、蒸发和蒸馏

挥发、蒸发和蒸馏主要是利用共存组分的挥发性不同（沸点的差异）进行分离的。

（1）挥发

此方法利用某些污染组分挥发性大，或者将欲测组分转变成易挥发物质，然后用惰性气体带出而达到分离的目的。例如，汞是唯一在常温下具有显著蒸气压的金属元素，用冷原子荧光法测定水样中的汞时，先将汞离子用氯化亚锡还原为原子态汞，再通入惰性气体将其带出并送入仪器测定。

（2）蒸发

蒸发一般是指利用水的挥发性，将水样在水浴、油浴或沙浴上加热，使水分缓慢蒸出，而待测组分得以浓缩。该法简单易行，但存在易吸附损失的缺点。

（3）蒸馏

蒸馏分离是利用各组分的沸点及其蒸气压大小的不同实现分离的方法，分为常压蒸馏、减压蒸馏、水蒸气蒸馏等。加热时，较易挥发的组分富集在蒸气相，通过对蒸气相冷凝或吸收，使挥发性组分在馏出液或吸收液中得到富集。

2.液-液萃取法

液-液萃取法也叫溶剂萃取法，是基于物质在互不相溶的两种溶剂中分配系数不同，从而达到组分的富集与分离的方法。液-液萃取法分为以下两类：

（1）有机物的萃取

分散在水相中的有机物易被有机溶剂萃取，利用此原理可以富集分散在水样中的有机污染物。常用的有机溶剂有三氯甲烷、四氯甲烷等。

（2）无机物的萃取

多数无机物在水相中均以水合离子状态存在，无法用有机溶剂直接萃取。为实现用有机溶剂萃取，通过加入一种试剂，使其与水相中的离子态组分相结合，生成一种不带电、易溶于有机溶剂的物质。根据生成可萃取物类型的不同，可分为螯合物萃取体系、离子缔合物萃取体系、三元络合物萃取体系和协同萃取体系等。在环境监测中常用的是螯合物萃取体系，利用金属离子与螯合剂形成疏水性的螯合物后被萃取到有机相，主要应用于金属阳离子的萃取。

3.沉淀分离法

沉淀分离法是基于溶度积原理，利用沉淀反应进行分离的方法。在待分离试液中加入适当的沉淀剂，在一定条件下使欲测组分沉淀出来，以达到组分分离的目的。

4.吸附法

吸附法是利用多孔性的固体吸附剂将水中的一种或多种组分吸附于表面，以达到组分分离目的的一种方法。常用的吸附剂主要有活性炭、硅胶、氧化铝、大孔树脂等。

5.离子交换法

离子交换法是利用离子交换剂与溶液中的离子发生交换反应进行分离的方法。离子交换剂分为无机离子交换剂和有机离子交换剂。目前，广泛应用的是有机离子交换剂，即离子交换树脂。通过离子交换树脂与试液中的离子发生交换反应，再用适当的淋洗液将已交换到离子交换树脂上的待测离子洗脱，以达到分离和富集的目的。该法既可以富集痕量无机物，又可以富集痕量有机物，分离效率高。

第四节　水质指标和水质标准

一、水质指标

（一）水质指标概述

水质指标是衡量水中杂质的标度，能具体表示出水中杂质的种类和数量，是水质评价的重要依据。

水质指标种类繁多，可达百种以上。其中，有些水质指标就是水中某一种或某一类杂质的含量，直接用其浓度来表示，如汞、铬、硫酸根等的含量；有些水质指标是利用某一类杂质的共同特性来间接反映其含量的，如用耗氧量、化学需氧量、生化需氧量等指标来间接表示有机污染物的种类和数量；有些水质指标是与测定方法有关的，带有人为性，如浑浊度、色度等是按规定配制的标准溶液作为衡量尺度的。水质指标也可分为物理指标、化学指标和微生物学指标三大类。

1.物理指标

反映水的物理性质的一类指标统称物理指标。常用的物理指标有温度、浑浊度、色度、固体含量、电导率等。

2.化学指标

反映水的化学成分和特性的一类指标统称化学指标。常用的化学指标有以下几种类型：

①表示水中离子含量的指标，如硬度表示钙离子、镁离子的含量，pH 值反映氢离子的浓度等。

②表示水中溶解气体含量的指标，如二氧化碳、溶解氧等。

③表示水中有机物含量的指标，如耗氧量、化学需氧量、生化需氧量、总

需氧量、总有机碳、含氮化合物等。

④表示水中有毒物质含量的指标：有毒物质分为两类，一类是无机有毒物，如汞、铅、铜、锌、铬等重金属离子和砷、硒、氰化物等非金属有毒物；另一类是有机有毒物，如酚类化合物、农药、取代苯类化合物、多氯联苯等。

3.微生物学指标

反映水中微生物的种类和数量的一类指标统称微生物学指标。常用的微生物学指标有细菌总数、总大肠菌群等。

（二）几个重要的水质指标

浊度：水中悬浮物对光线透过时所发生的阻碍程度。浊度是水中含有泥沙、有机物、无机物、浮游生物和其他微生物等杂质所造成的，是天然水和饮用水的重要水质指标。测定浊度的方法有分光光度法、目视比浊法、浊度计法等。

碱度：水中能与强酸发生中和作用的物质的总量。这类物质包括强碱、弱碱、强碱弱酸盐等。天然水中的碱度主要是由重碳酸盐、碳酸盐与氢氧化物引起的。碱度常用于评价水体的缓冲能力及金属在其中的溶解性等。

酸度：水中能与强碱发生中和作用的物质的总量。这类物质包括无机酸、有机酸、强酸弱碱盐等。一些地面水由于溶入二氧化碳或被废水污染，因此水体 pH 值降低，破坏了水生生物与农作物的生长条件，造成鱼类死亡、农作物减产。酸度是衡量水体水质的一项重要指标。

硬度：水中某些离子在水被加热的过程中，由于蒸发浓缩会形成水垢，这些离子的浓度称为硬度。就天然水而言，这些离子主要是钙离子和镁离子，其硬度就是钙离子和镁离子的含量。硬度有总硬度、钙硬度、镁硬度、碳酸盐硬度（暂时硬度）、非碳酸盐硬度（永久硬度）等表示方式。

悬浮物（SS）：又称总不可滤残渣，指水样用 0.45 μm 滤膜过滤后，留在过滤器上的物质，于 103 ℃～105 ℃烘至恒重所得到的物质的质量，用 SS 表示，单位为 mg。它包括不溶于水的泥沙、各种污染物、微生物及难溶无机物等。

悬浮物含量是指单位水样体积中所含悬浮物的量，单位为 mg/L。

溶解氧（DO）：指溶解在水中的分子态氧，用 DO 表示，单位为 mg/L。水中溶解氧的含量与大气压、水温及含盐量等因素有关。大气压下降、水温升高、含盐量增加，都会导致溶解氧含量降低。干净的河流，溶解氧接近饱和值，当有大量藻类繁殖时，溶解氧可能过饱和；当水体受到有机物质、无机还原物质污染时，溶解氧含量降低，甚至趋于零，此时厌氧细菌繁殖活跃，水质恶化。水中溶解氧低于 3 mg/L 时，许多鱼类呼吸困难，严重者窒息死亡。溶解氧是表示水污染状态的重要指标之一。

化学需氧量（COD）：在一定的条件下，以重铬酸钾（$K_2Cr_2O_7$）为氧化剂，氧化水中的还原性物质所消耗氧化剂的量，结果折算成氧的量，用 COD 表示，单位为 mg/L。

高锰酸盐指数（I_{Mn}）：在一定的条件下，以高锰酸钾（$KMnO_4$）为氧化剂，氧化水中的还原性物质所消耗氧化剂的量，结果折算成氧的量，用 I_{Mn} 表示, 单位为 mg/L。

生化需氧量（BOD）：水中的有机物在有氧的条件下，被微生物分解，在这个过程中所消耗的氧气的量，用 BOD 表示，单位为 mg/L。生化需氧量试验规定在温度为 20 ℃的黑暗条件下进行，在这样的环境下，微生物完全氧化有机物需 100 d 以上。在实际应用中，时间太长，目前，国内外普遍规定（20±1）℃培养 5 d，分别测定样品培养前后的溶解氧，二者之差即 BOD_5（五日生化需氧量）。

细菌总数：1 mL 水样在营养琼脂培养基中，在 37 ℃下经 24 h 培养后，所生长的细菌菌落的总数，称为细菌总数，单位为个/mL。

总大肠菌群数：1 L 水样中所含有的大肠菌群数目，单位为个/L。总大肠菌群是指那些能在 37 ℃下、48 h 之内发酵乳糖产酸、产气、需氧及兼性厌氧的革兰氏阴性的无芽孢杆菌。粪便中存在大量的大肠菌群细菌，总大肠菌群数是反映水体受粪便污染程度的重要指标。

二、水质标准

水质标准是根据用户的水质要求和废水排放容许浓度，对一些水质指标作出的定量规定。水质标准是环境标准的一种，是水质监测与评价的重要依据。目前，我国已经颁布的水质标准包括水环境质量标准和水排放标准，主要标准如下：

水环境质量标准：《地表水环境质量标准》（GB 3838—2002）、《生活饮用水卫生标准》（GB 5749—2022）、《地下水质量标准》（GB/T 14848—2017）、《海水水质标准》（GB 3097—1997）、《渔业水质标准》（GB 11607—89）、《农田灌溉水质标准》（GB 5084—2021）等。

排放标准：《污水综合排放标准》（GB 8978—1996）、《城镇污水处理厂污染物排放标准》（GB 18918—2002）、《医疗机构水污染物排放标准》（GB 18466—2005）、《钢铁工业水污染物排放标准》（GB 13456—2012）、《制浆造纸工业水污染物排放标准》（GB 3544—2008）、《石油炼制工业污染物排放标准》（GB 31570—2015）等。

根据技术、经济及社会发展情况，标准通常几年修订一次，但每个标准的标准号通常是不变的，仅改变发布年份，新标准自然代替老标准。环境质量标准和排放标准，一般也有配套的测定方法标准，便于执行。

（一）地表水环境质量标准

目前，我国使用的最新地表水环境质量标准为 GB 3838—2002。本标准适用于全国领域内江河、湖泊、运河、渠道、水库等具有使用功能的地表水域。具有特定功能的水域，执行相应的专业用水水质标准，其目的是保障人体健康、维护生态平衡、保护水资源、控制水污染及改善地面水质量和促进生产。依据地表水水域环境功能和保护目标、控制功能划分为五类：Ⅰ类主要适用于源头水、国家自然保护区；Ⅱ类主要适用于集中式生活饮用水地表水源地一级保护区、珍稀水生生物栖息地、鱼虾类产卵场、仔稚幼鱼的索饵场等；Ⅲ类主要适用于集中式生活饮用水地表水源地二级保护区、鱼虾类越冬场、洄游通道、水产养殖区等渔业水域及游泳区；Ⅳ类主要适用于一般工业用水区及人体非直接接触的娱乐用水区；Ⅴ类主要适用于农业用水区及一般景观要求水域。

对应地表水上述五类水域功能，地表水环境质量标准基本项目标准值也分为五类，不同功能类别分别执行相应类别的标准值。水域功能类别高的标准值严于水域功能类别低的标准值。同一水域兼有多类使用功能的，执行最高功能类别对应的标准值。

（二）生活饮用水卫生标准

生活饮用水是指由集中式供水单位直接供给居民的饮水和生活用水，该水的水质必须确保居民终身饮用安全，它与人体健康有直接关系。集中式供水是指由水源集中取水，经统一净化处理和消毒后，由输水管网送到用户的供水方式，它可以由城建部门建设，也可以由单位自建。制定标准的原则和方法基本上与地表水环境质量标准相同，不同的是饮用水不存在自净问题。饮用水水质与人类健康息息相关，世界各国对饮用水水质标准极为关注。随着水质检测技术的不断发展，饮用水水质标准总在不断修改之中。

（三）回用水标准

我国人均水资源占有量很少，特别是西北地区水资源非常短缺，因此水资源经使用、处理后再回用十分重要。回用水水质标准应根据行业及生产工艺要求来制定。我国颁布的回用水水质标准有《城市污水再生利用　城市杂用水水质》（GB/T 18920—2020）等。

（四）污水综合排放标准

污水综合排放标准是指为了保证水体质量而对排放污水的企事业单位所作的规定。这里可以是浓度控制，也可以是总量控制。前者执行方便，后者是基于受纳水体的功能，得到允许总量再予分配的方法，更科学，但实际执行较困难。发达国家大多采用排污许可证和行业排放标准相结合的方法，这是以总量控制为基础的双重控制，排污许可证规定了在有效期内向指定受纳水体排放限定的污染物种类和数量，实际是以总量控制为基础的，而行业排放标准则是根据各行业特点所制定的，符合生产实际。这种方法需要以大量的基础研究为前提，例如，美国有超过 100 个行业标准，每个行业下还有很多子类。中国由于基础工作有待完善，总体上采用按受纳水体的功能区类别分类规定排放标准值，重点行业执行行业排放标准，非重点行业执行综合污水排放标准，分时段、分级控制。

《污水综合排放标准》（GB 8978—1996）适用于排放污水和废水的企事业单位。按地表水域使用功能要求和污水排放去向，分别执行一、二、三级标准，保护区禁止新建排污口，已有的排污口应按水体功能要求，实行污染物总量控制。

第五节　水环境保护

一、水环境保护的基本要求

①水资源保护包括对地表水与地下水资源的保护以及对与水相关的生态环境的修复和保护。其中，对江河、湖泊、水库的水质保护是工作重点。

②对江河、湖泊、水库的水质保护以水功能区划为基础，根据不同水功能区的纳污能力，确定相应的陆域及入河污染物排放总量控制目标。根据污染物排放控制量或削减量目标，拟定防治对策。

③各流域和各省（自治区、直辖市）根据需要，对水利部发布的《中国水功能区划》成果进行适当的补充和调整，修改和调整结果报原批准机关核准。地表水水质保护的工作范围应与水功能区划的范围一致，以一、二级水功能区为基本单元，统计和估算入河废污水量及污染物排放量，并按照水资源分区与水功能区之间的对应关系，将其成果归并到水资源三级区。

④现状和规划期水功能区纳污能力的确定，应与《全国水资源综合规划技术细则》水资源开发利用情况调查评价、水资源配置中有关河道内用水的成果相一致，并以此为依据，在制定入河污染物总量控制方案的基础上，提出排污总量控制方案以及监督管理的措施，实施综合治理。

⑤全国统一采用 COD 和氨氮作为江河、湖泊、水库水质保护的污染物控制指标；考虑目前湖泊、水库存在富营养化问题，对湖泊、水库增加总磷和总氮指标；各流域和省（自治区、直辖市）可根据实际情况，增选本地区的主要污染物控制指标。地下水污染物控制指标视主要污染物而定。

⑥在地下水超采、污染严重、海（咸）水入侵和地下水水源地等地区，应在现状开发利用调查评价的基础上，结合经济社会发展和生态环境建设的需要，研究地下水资源保护和防治水污染的措施。

⑦针对水资源开发利用情况调查评价中与水相关的生态环境问题的调查评价成果，以及需水预测、供水预测和水资源配置等部分对与水相关的生态环境问题的分析成果，制定相应的保护措施。

二、水功能区划

水功能区是指为满足水资源合理开发和有效保护的需求，根据水资源的自然条件、功能要求、开发利用现状，按照流域综合规划、水资源保护规划和经济社会发展要求，在相应水域按其主导功能划定并执行相应质量标准的特定区域。

中国水功能区划分采用两级区划，即一级区划和二级区划。水功能一级区划分四类，包括保护区、保留区、开发利用区、缓冲区；水功能二级区划将一级区划中的开发利用区再分为七类，包括饮用水源区、工业用水区、农业用水区、渔业用水区、景观娱乐用水区、过渡区、排污控制区。

（一）水功能区划条件与标准

1.水功能一级区划

（1）保护区

保护区指对水资源保护、生态环境及珍稀濒危物种保护、饮用水保护等具有重要意义的水域。

功能区划分指标：集水面积、保护级别、调（供）水量等。

划区条件：

①源头水保护区，是指以保护水资源为目的，在重要河流的源头河段划出专门涵养保护水源的区域。

②国家级和省级自然保护区范围内的水域。

③已建和规划水平年内建成的跨流域、跨省（区）的大型调水工程水源地

及其调水线路；省内重要的饮用水源地。

④对典型生态、自然生境保护具有重要意义的水域。

水质标准：以上①②两种情况的功能区水质标准为《地表水环境质量标准》（GB 3838—2002）Ⅰ、Ⅱ类水质标准（因自然、地质不满足Ⅰ、Ⅱ类水质标准的，应维持水质现状并逐步达到上述标准）；③④两种情况的功能区水质标准按该类保护区议定的水质标准进行控制。

（2）保留区

保留区指目前开发利用程度不高，为今后开发利用和保护水资源而预留的水域。该区内水资源应维持现状不遭破坏。

功能区划分指标：水资源开发利用程度、产值、人口、水量、水质等。

划区条件：

①受人类活动影响较小，水资源开发利用程度较低的水域。

②目前不具备开发条件的水域。

③考虑到可持续发展的需要，为今后的发展预留的水域。

水质标准：按现状水质类别控制。

（3）开发利用区

开发利用区主要指具有满足工农业生产、城镇生活、渔业、游乐和净化水体污染等多种需水要求的水域与水污染控制、治理的重点水域。

功能区划分指标：水资源开发利用程度、产值、人口、水质及排污状况等。

划区条件：取（排）水口较集中，取（排）水量较大的水域（如流域内重要城市江段、具有一定灌溉用水量和渔业用水要求的水域等）。

水质标准：按二级区划要求分别确定。

（4）缓冲区

缓冲区指为协调矛盾突出的地区间用水关系，协调内河功能区划与海洋功能区划关系，以及在保护区与开发利用区相接时为满足保护区水质要求划定的水域。

功能区划分指标：跨界区域及相邻功能区间水质差异程度。

划区条件：

①跨省、自治区、直辖市行政区域河流、湖泊的边界水域。

②省际边界河流、湖泊的边界附近水域。

③用水矛盾突出地区之间水域。

水质标准：按实际需要执行相关水质标准或按现状控制。

2.水功能二级区划

在水功能一级区划的开发利用区内，进行水功能二级区划。

（1）饮用水源区

饮用水源区指城镇生活用水需要的水域。

功能区划分指标：人口、取水总量、取水口分布等。

划区条件：已有的城市生活用水取水口分布较集中的水域，或在规划水平年内城市发展设置的供水水源区。每个用户取水量需符合水行政主管部门实施取水许可制度的细则规定。

水质标准：《地表水环境质量标准》（GB 3838—2002）Ⅱ、Ⅲ类水质标准。

（2）工业用水区

工业用水区指城镇工业用水需要的水域。

功能区划分指标：工业产值、取水总量、取水口分布等。

划区条件：现有的或规划水平年内需要设置的企业生产用水取水点集中的水域。每个用户取水量需符合水行政主管部门实施取水许可制度的细则规定。

水质标准：《地表水环境质量标准》（GB 3838—2002）Ⅳ类标准。

（3）农业用水区

农业用水区指农业灌溉用水需要的水域。

功能区划分指标：灌区面积、取水总量、取水口分布等。

划区条件：已有的或规划水平年内需要设置的农业灌溉用水取水点集中的水域。每个用户取水量需符合水行政主管部门实施取水许可制度的细则规定。

水质标准：《地表水环境质量标准》（GB 3838—2002）Ⅴ类标准。

（4）渔业用水区

渔业用水区指具有鱼、虾、蟹、贝类产卵场、索饵场、越冬场及洄游通道功能的水域，养殖鱼、虾、蟹、贝、藻类等水生动植物的水域。

功能区划分指标：渔业生产条件及生产状况。

划区条件：具有一定规模的主要经济鱼类的产卵场、索饵场、洄游通道，历史悠久或新辟人工放养和保护的渔业水域；水文条件良好，水交换畅通；有合适的地形、底质。

水质标准：《地表水环境质量标准》（GB 3838—2002）Ⅱ、Ⅲ类标准，并可参照《渔业水质标准》（GB 11607—89）。

（5）景观娱乐用水区

景观娱乐用水区指以度假和娱乐为目的的水域。

功能区划分指标：景观娱乐类型及规模。

划区条件：

①休闲、度假、娱乐、运动场所涉及的水域。

②水上运动场。

③风景名胜区涉及的水域。

水质标准：参照《地表水环境质量标准》（GB 3838—2002）Ⅲ、Ⅳ类标准。

（6）过渡区

过渡区指为使水质要求有差异的相邻功能区顺利衔接而划定的区域。

功能区划分指标：水质与水量。

划区条件：

①下游用水要求高于上游水质状况。

②有双向水流的水域，且水质要求不同的相邻功能区之间。

水质执行标准：按出流断面水质达到相邻功能区的水质要求选择相应的水质控制标准。

（7）排污控制区

排污控制区指接纳生活、生产污废水比较集中，所接纳的污废水对水环境无重大不利影响的区域。排污控制区是结合我国水污染的实际情况，合理利用江河自净能力而划定的水域，在区划时应严格控制。

功能区划分指标：排污量、排污口分布。

划区条件：接纳废水中污染物可稀释降解，水域的自净能力较强，其水文、生态特性适宜作为排污区。

水质标准：按出流断面水质达到相邻功能区的水质要求选择相应的水质控制标准。

（二）水功能区划分方法

1.一级功能区划分的程序

首先划定保护区，然后划定缓冲区和开发利用区，最后划定保留区。具体方法如下：

（1）保护区的划分

对于现有的国家级、省级、地（市）级和县级四级自然保护区，区划中将国家级和省级自然保护区水域全部划为保护区，而对于地（市）级、县级自然保护区，则根据区内水域范围的大小，及其对水质有无严格的要求等方面决定是否将其划为保护区。

对于已经建设或在规划水平年内将会实施的大型调水工程水源地，划为保护区；对于在规划水平年内不会实施的，则划为保留区。

重要河流的源头一般划为源头水保护区，但是少数河流源头附近有城镇的则划为保留区。

（2）缓冲区的划分

省际水域或用水矛盾突出的地区水域可划为缓冲区。省界断面或省际河流，无论是上下游关系还是左右岸关系，该水域一般划为缓冲区。

用水矛盾突出的地区是指河流沿线上下游地区间或部门间矛盾比较突出或者有争议的水域，应划为缓冲区。缓冲区的长度视矛盾的突出程度而定。目前，矛盾不突出或人烟稀少的地区，缓冲区可以适当划短。矛盾突出的缓冲区长度可通过污染控制目标进一步确定。

（3）开发利用区的划分

水资源开发利用程度高，对水域有各种用水和排污要求的城市江（河）段应划为开发利用区。开发利用程度可采用城市人口数量、取水量、排污量、水质状况及城市经济的发展状况（如工业产值）等能间接反映水资源开发利用程度的指标。开发利用区应通过各种指标排序的方法，选择各项指标较大的城市江段。可采用“三项指标法”来划分开发利用区。“三项指标法”是指以工业总产值、非农业人口和城镇生产生活用水量三项指标的排序来衡量开发利用程度，划分开发利用区的方法。对于指标排序结果虽然靠后，但现状排污量大、水质污染严重、现状水质劣于Ⅳ类的，或在规划水平年内有大规模开发计划的城镇河段，也可划为开发利用区。

（4）保留区的划分

划定保护区、缓冲区和开发利用区后，其余的水域均划为保留区。保留区包括两方面的含义：一方面是指为将来可持续发展预留的后备资源水域；另一方面是指目前开发利用程度比较低或开发利用活动还没有形成规模的水域。随着经济发展，该水域需要开发利用时，也可以通过一定手续再进行划分。

2.二级功能区划分的程序

首先，确定区划具体范围，包括城市现状水域范围以及城市在规划水平年前涉及的水域范围。同时，收集划分功能区的资料，包括：水质资料；取水口和排污口资料；特殊用水要求，如鱼类产卵场、越冬场，水上运动场的用水要求；规划资料（包括陆域和水域的规划，如城区的发展规划、河岸上码头规划等）。然后，对各功能区的位置和长度进行适当的协调和平衡，尽量避免出现从低功能到高功能跃变的情况。最后，考虑与规划衔接，进行合理性检查，对不合理的水功能区进行调整。具体方法如下：

（1）饮用水源区的划分

主要根据已建生活取水口的布局状况，结合规划水平年内生活用水发展要求，将取水口相对集中的水域划为饮用水源区。划区时，尽可能选择在开发利用区上游或受开发利用影响较小的水域。

（2）工业用水区的划分

根据工业取水口的分布现状，结合规划水平年内工业用水发展要求，将工业取水口较为集中的水域划为工业用水区。

（3）农业用水区的划分

根据农业取水口的分布现状，结合规划水平年内农业用水发展要求，将农业取水口较为集中的水域划为农业用水区。

（4）渔业用水区的划分

渔业用水区的划分主要根据鱼类重要产卵场、栖息地和重要的水产养殖场进行。

（5）景观娱乐用水区的划分

景观娱乐用水区的划分主要根据当地是否有重要的风景名胜度假区、娱乐和运动场所涉及的水域进行。

（6）过渡区的划分

过渡区通常根据两个相邻功能区的用水要求来确定。当低功能区对高功能区水质影响较大时，过渡区的范围应适当大一些。具体范围可根据实际情况和经验来确定，规划时根据下游相邻功能区水域纳污能力计算确定其范围。

（7）排污控制区的划分

排污控制区设置在排污口较为集中且位于开发利用区下游或对其他用水影响不大的水域，排污控制区的设置应从严掌握，其分区范围也不宜划得过大。

（三）水功能区水质目标拟定

对水利部发布的《中国水功能区划》以及各流域、省（自治区、直辖市）补充拟定的本地区水功能区，根据水功能区水质现状、排污状况、不同水功能区的特点、水资源配置对水功能区的要求以及当地技术经济等条件，拟定各一、二级水功能区现状条件与规划条件下的水质目标。

拟定水质目标依据的水质标准是《地表水环境质量标准》（GB 3838—2002），并参照《渔业水质标准》（GB 11607—89）等。

拟定水功能区水质目标应综合考虑以下内容：①水功能区水质类别；②水功能区水质现状；③相邻水功能区的水质要求；④水功能区排污现状与相应的规划；⑤用水部门对水功能区水质的要求，包括现状和规划；⑥社会经济状况及特殊要求；⑦水资源配置对水域的总体安排。

拟定水质目标的具体方法是将水功能区水质现状与功能区主导功能水质类别指标进行比较后，按下述情况分别处理：①当现状水质未满足水功能区水质类别要求时，在综合考虑上述因素后，应拟定水质目标，水质目标可分阶段达标；②当现状水质已满足水功能区水质类别要求时，应按照水体污染负荷控制不增加的原则，拟定水质目标。

在拟定水功能区水质目标时应注意以下几点：①水功能区水质类别指标中所有水质超标项目，均应拟定水质目标，计算削减量；②不超标时，则按 COD、氨氮两项指标拟定水质目标；③对于没有规定水质类别的功能区，如排污控制区，要根据功能区水质现状和下游功能区水质要求拟定水质目标；④无水质现状资料的功能区，有条件的应进行补测，也可用相邻水域水质数据推算，源头水可根据天然水的化学背景值推求；⑤在拟定水质目标时，要考虑同一水功能区现状与规划目标之间的协调，也要考虑同一水平年相邻功能区水质目标的协调；⑥水质目标的拟定应与供水预测中对供水水质的要求协调一致。

三、水环境保护的措施

（一）地表水保护措施

1.工业污染控制措施

工业污染控制措施主要包括调整工业布局和产业结构，推行清洁生产、达标排放，加大工业废水处理力度以及关停污染严重企业等措施。各地应根据各水功能区排污总量控制的要求和工业污染源承担的污染物削减责任，采取综合治理措施，防治水污染。

2.加强城市污水处理设施建设

提出城市污水处理设施建设的措施、规模与布局，包括城市集中污水处理厂、居民小区污水处理设施、排污管网改造等；清污分流、导污以及入河排污口整治，严格控制排污口设置。

3.加强地表水水质监测

水质监测为水质规划及水功能区管理服务，其主要目的是检验地表水水质保护工作的进展情况。应根据保护措施实施需要设置水质监测站点，提出站网建设规划。

水功能区内水质监测断面（监测点）根据水功能区划具体情况设置，如河流长度、宽度，湖库水域面积、水文情况，入河排污口的分布及水质状况。

水质站点的监测项目根据水体现状、相应的水质标准以及水体的基本特征而定。

确定监测频率时主要考虑以下原则：水质较好且较稳定的区域监测频率较低，反之，监测频率较高；受人为活动影响较大的区域监测频率较高，反之，监测频率较低；功能要求较高的区域监测频率较高，反之，监测频率较低；用水矛盾较大，易发生纠纷的区域监测频率较高，反之，监测频率较低。

除地表水水质监测外，还应定期安排水功能区对应的排污口污染物质调查和监测。

（二）地下水保护措施

对由于不合理开发利用地下水而造成地下水超采、海水入侵、咸水入侵和地下水受到污染的地区，在利用现有成果的基础上，研究提出治理保护和改善的对策。对于地下水开发利用有一定前景的地区和地下水规划开采区，要制定相应的预防、监督和保护对策。

地下水保护总体目标：全国总体来讲，到 2030 年，要实现合理开发利用地下水，基本达到采补平衡；使超采区的地下水开采得到有效控制，全面遏制地下水水位持续下降趋势，不再发生新的环境地质灾害，明显改善生态环境；地下水污染地区的水质状况得到改善；其他地区的地下水得到合理有效的利用，达到采补平衡；地下水饮用水源地保护区的水质得到保护；建立比较完善的地下水管理体系，实现地下水资源的可持续利用。

在水资源开发利用现状调查评价成果以及其他有关研究成果的基础上，划分地下水开发利用及管理的类型区，确定浅层地下水与深层承压水的超采区范围与超采量以及其他各类型区的范围和开发利用现状及存在的问题。根据经济社会发展对水的需求和其他可获取水资源的实际供给状况，提出各规划水平年各类型区地下水的控制水位，控制开采的目标、范围、措施以及相应的管理制度，如削减地下水开采量、合理布井、科学制订开采计划、制定地下水开发利用管理规程等。

在已有研究成果的基础上，分析研究海水入侵、咸水入侵现状及发展趋势，提出防止海水入侵和咸水入侵的目标，制定控制地下水开发利用的方案，有效控制海水入侵和咸水入侵。

在已有研究成果的基础上，分析导致地下水污染的污染源及污染途径，制定有效措施，截断污染地下水的通道，防止地下水水质继续恶化。同时，提出地下水污染区的治理对策，如采取生物工程措施等。对尚未遭受污染的地区，要求制定地下水保护的目标和相应的对策。

在已有研究成果的基础上，划定地下水饮用水源地保护范围，做好地下水饮用水源地保护区的生态环境建设，建立健全地下水动态监测网络和水质保护的监督管理机制，保证地下水水质符合饮用水水质标准。

第五章　大气环境监测及治理

第一节　大气污染概述

一、大气污染源

大气污染源可分为自然污染源和人为污染源两种。自然污染源是由于自然现象造成的，如火山爆发时喷射出大量粉尘、二氧化硫气体等；森林火灾产生大量二氧化碳、碳氢化合物、热辐射等。人为污染源是由于人类的生产和生活活动造成的，是空气污染的主要来源，主要有以下几种：

（一）工业企业排放的废气

在工业企业排放的废气中，排放量最大的是以煤和石油为燃料，在燃烧过程中排放的粉尘、二氧化硫、一氧化碳、二氧化碳等，其次是工业生产过程中排放的多种有机和无机污染物。

（二）交通运输工具排放的废气

交通运输工具排放的废气主要是交通车辆、轮船、飞机排放的废气。其中，汽车排放的废气最多，并且集中在城市，故对空气质量特别是城市空气质量影响大，是一种严重的空气污染源，其排放的主要污染物有碳氢化合物、一氧化碳、氮氧化物等。

（三）室内空气污染源

随着人们生活水平的提高，加上信息技术的飞速发展，人们在室内活动的时间越来越长。据统计，现代人，特别是生活在城市中的人80%以上的时间是在室内度过的。因此，近年来对建筑物室内空气质量的监测及评估，在国内外引起广泛重视。据测量，室内污染物的浓度高于室外污染物浓度2～5倍。室内环境污染直接威胁着人们的身体健康，流行病学调查表明：室内环境污染将提高急、慢性呼吸系统障碍疾病的发生率，特别是使肺结核、肺癌、白血病等疾病的发生率、死亡率上升。室内污染来源是多方面的，如含有过量有害物质的化学建材大量使用、装修不当、室内公共场合人口密度过高等，使室内污染物难以被充分稀释和置换，从而引起室内环境污染。

室内空气污染来源：化学建材和装饰材料中的油漆、胶合板、内墙涂料、刨花板中含有的挥发性有机物；大理石、地砖、瓷砖中放射性物质的排放；烹饪、吸烟等室内燃烧所产生的油烟污染物；人群密集且通风不良的封闭室内二氧化碳过高；等等。

1.室内空气污染的分类

①化学性污染：如甲醛、一氧化碳、二氧化碳、二氧化硫、二氧化氮等。

②物理性污染：温度、相对湿度、通风率、新风量、电磁辐射等。

③生物性污染：霉菌、真菌、细菌、病毒等。

④放射性污染：氡气及其子体。

发达国家对室内空气质量均制定了标准、规范、标准监测方法和评估体系等。我国也颁布实施了控制室内环境污染的工程设计强制性标准，包括《室内空气质量标准》（GB/T 18883—2022）等标准。

2.室内空气的质量表征

①有毒、有害污染因子指标：《室内空气质量标准》（GB/T 18883—2022）中规定了最高允许量。

②舒适性指标：包括室内温度、湿度、大气压、新风量等，属主观性指标，

与季节、人群生活习惯有关。

二、空气中的污染物及其存在状态

空气中污染物的种类不下数千种，已发现有危害性而被人们注意到的有一百多种。根据空气污染物的形成过程，可分为一次污染物和二次污染物。

一次污染物是直接从各种污染源排放到空气中的有害物质。常见的主要有二氧化硫、氮氧化物、一氧化碳、碳氢化合物、颗粒性物质等。颗粒性物质包含有毒重金属、多种有机和无机化合物等。

二次污染物是一次污染物在空气中相互作用或它们与空气中的正常组分发生反应所产生的新污染物。这些新污染物与一次污染物的化学、物理性质完全不同，多为气溶胶，具有颗粒小、毒性大等特点。常见的二次污染物有硫酸盐、硝酸盐等。

空气中污染物的存在状态是由其自身的理化性质及形成过程决定的，气象条件也会起一定的作用。空气中污染物一般分为分子状态污染物和粒子状态污染物两类。

（一）分子状态污染物

某些物质，如二氧化硫、氮氧化物、一氧化碳、氯化氢、氯气、臭氧等沸点很低，在常温、常压下以气体分子形式分散于空气中。还有些物质，如苯、苯酚等，虽然在常温、常压下是液体或固体，但因其挥发性强，故能以蒸气状态进入空气中。

无论是气体分子还是蒸气分子，都具有运动速度快、在空气中分布比较均匀的特点。它们的扩散情况与自身的密度有关，密度大者向下沉降，如汞蒸气等；密度小者向上飘浮，受气象条件的影响，可随气流扩散到很远的地方。

（二）粒子状态污染物

粒子状态污染物（或颗粒物）是分散在空气中的微小液体和固体颗粒，粒径多在 0.01～100 μm，是一个复杂的非均匀体系。通常根据颗粒物在重力作用下的沉降特性将其分为降尘和可吸入颗粒物。粒径大于 10 μm 的颗粒物能较快地沉降到地面上，称为降尘；粒径小于 10 μm 的颗粒物（PM10）可长期飘浮在空气中，称为可吸入颗粒物或飘尘。粒径小于 2.5 μm 的颗粒物（PM2.5）能够直接进入支气管，干扰肺部的气体交换，引发哮喘、支气管炎等疾病。空气污染常规测定项目——总悬浮颗粒物（TSP）是粒径小于 100 μm 颗粒物的总称。

可吸入颗粒物具有胶体性质，故又称气溶胶，它易随呼吸进入人体肺脏，在肺泡内积累并可进入血液输往全身，对人体健康危害大。通常所说的烟、雾、灰尘也是用来描述颗粒物存在形式的。

某些固体物质在高温下由于蒸发或升华作用变成气体逸散于空气中，遇冷后又凝聚成微小的固体颗粒悬浮于空气中构成烟。

雾是由悬浮在空气中微小液滴构成的气溶胶。其按形成方式可分为分散型气溶胶和凝聚型气溶胶。常温状态下的液体，由于飞溅、喷射等原因被雾化而形成微小雾滴分散在空气中形成分散型气溶胶。液体因为加热变成蒸气逸散到空气中，遇冷后又凝集成微小液滴形成凝聚型气溶胶。

通常所说的烟雾是烟和雾同时构成的固、液混合态气溶胶，如硫酸烟雾、光化学烟雾等。硫酸烟雾主要是由燃煤产生的高浓度二氧化硫和煤烟形成的二氧化硫经氧化剂、紫外光等因素的作用被氧化成三氧化硫，三氧化硫与水蒸气结合形成硫酸烟雾。当空气中的氮氧化物、一氧化碳、碳氢化合物达到一定浓度后，在强烈阳光照射下，发生一系列光化学反应，形成臭氧和醛类等物质悬浮于空气中而构成光化学烟雾。

尘是分散在空气中的固体微粒，如交通车辆行驶时所带起的扬尘、粉碎固体物料时所产生的粉尘等。

第二节　大气污染监测方案的制定

制定大气污染监测方案，首先要根据监测的目的进行调查研究，收集基础材料，然后经过综合分析，确定监测项目，设计布点网络，选定采样频率、采样方法和监测技术，制定质量保证程序和措施，提出监测结果报告要求及进度计划。

一、基础资料的收集

收集的基础资料主要有污染源分布及排放情况、气象资料、地形资料、土地利用和功能分区情况、人口分布及人群健康情况等。

（一）污染源分布及排放情况

通过调查，将监测区域内的污染源类型、数量、位置，排放的主要污染物及排放量调查清楚，同时还应了解所用原料、燃料及消耗量。要特别注意排放高度低的小污染源，它对周围地区地面、大气中污染物浓度的影响要比大型工业污染源大。

（二）气象资料

污染物在大气中的扩散、输送和一系列的物理、化学变化在很大程度上取决于当时、当地的气候条件。因此，要收集监测区域的风向、风速、气温、气压、降水量、日照时间、相对湿度、温度的垂直梯度和逆温层底部高度等资料。

（三）地形资料

地形对当地的风向、风速和大气稳定情况等有影响。因此，设置监测网点时应该考虑地形的因素。例如，一个工业区建在不同的地区，对环境的影响会有显著的差异，不同的地理环境会有不同。在河谷地区出现逆温层的可能性较大，在丘陵地区污染物浓度梯度会很大，在海边、山区影响也是不同的。所以，监测区域的地形越复杂，要求布设的监测点越多。

（四）土地利用和功能分区情况

监测地区内土地利用情况及功能区划分也是设置监测网点应考虑的重要因素之一，不同功能区的污染状况是不同的。

（五）人口分布及人群健康情况

环境保护的目的是维护自然环境的生态平衡，保护人群的健康，因此，掌握监测区域的人口分布、居民和动植物受大气污染危害情况及流行性疾病等资料，对分析监测结果是有益的。

对于相关地区以及周边地区的大气资料，如有条件也应收集、整理，供制定监测方案参考。

二、监测项目的确定

存在于大气中的污染物质多种多样，应根据优先监测的原则，选择那些危害大、涉及范围广，已有成熟的测定方法并有标准可比的项目进行监测。美国提出空气中 43 种优先监测的污染物；我国在居民区大气中有害物质的最高容许浓度中规定了 34 种有害物质的极限。对于大气环境污染例行监测项目，各国大同小异。环境监测技术规范中规定的例行监测项目见表 5-1。

表 5-1　例行监测项目表

类型	必测项目	选测项目
连续采样实验室分析项目	二氧化硫、氮氧化物、总悬浮物、硫酸盐化速度、灰尘自然降尘量	一氧化碳、降尘、光化学氧化剂、氟化物、铅、汞、苯并芘、总烃及非甲烷烃
大气环境自动监测系统监测项目	二氧化硫、氮氧化物、总悬浮物、一氧化碳	臭氧、总碳氢化合物

三、采样点的布设

对环境空气中污染物的监测是大气污染物监测的常规项目。为了获得高质量的大气污染物数据，必须考虑多种因素，采集有代表性的试样，然后进行分析测试。

（一）采样点布设原则

环境空气采样点（监测点）的位置主要依据有关规范的要求布设。常规监测的目的：一是判断环境大气是否符合大气质量标准，或改善环境大气质量的程度；二是观察整个区域的污染趋势；三是开展环境质量识别，为环境科学研究提供基础资料和依据。监测（网）点的布设方法有经验法、统计法、模式法等。监测点的布设，要使监测大气污染物所代表的空间范围与监测站的监测任务相适应。

经验法布点采样的原则和要求：采样点应选择整个监测区域内污染物不同的地方；采样点应选择在有代表性区域内，按工业密集程度、人口密集程度、城市和郊区，增设采样点或减少采样点；采样点要选择开阔地带，要选择风向的上风口；采样点的高度由监测目的而定，一般为离地面 1.5～2 m 处，连续采样例行监测采样口高度应距地面 3～15 m，或设置于屋顶采样；各采样点的设置条件要尽可能一致，或按标准化规定实施，使获得的数据具有可比性；采样点应满足网络要求，便于自动监测。

（二）采样点布设方法

采样点的设置数目要与由经济投资和精度要求得到的效益函数相适应，应根据监测范围大小、污染物的空间分布特征、人口分布及密度、气象、地形及经济条件等因素综合考虑确定。世界卫生组织（World Health Organization, WHO）和世界气象组织（World Meteorological Organization, WMO）提出按城市人口多少设置城市大气地面自动监测站（点）的数目，见表 5-2。我国大气环境污染例行监测采样点的设置数目，见表 5-3。

表 5-2　WHO 和 WMO 推荐的城市大气地面自动监测站（点）的数目

市区人口（万人）	飘尘	SO_2	NO_x	氧化剂	CO	风向、风速
≤100	2	2	1	1	1	1
100～400	5	5	2	2	2	2
400～800	8	8	4	3	4	2
＞800	10	10	5	4	5	3

表 5-3　我国大气环境污染例行监测采样点设置数目

市区人口（万人）	SO_2、NO_x、TSP	灰尘自然降尘量	硫酸盐化速度
＜50	3	≥3	≥6
50～100	4	4～8	6～12
100～200	3	8～11	12～18
200～400	6	12～20	18～30
＞400	7	20～30	30～40

1.功能区布点法

这种方法多用于区域性常规监测。布点时先将监测地区按环境空气质量标准划分成若干“功能区”，再按具体污染情况和人力、物力条件，在各功能区设置一定数量的采样点。各功能区的采样点不要求平均，一般在污染较集中的工业区、人口较密集的区域多设点。

2.网格布点法

这种方法是将监测区域地面划分成均匀网状方格，采样点设在两条线的交叉处或方格中心。网格大小视污染源强度、人口分布及人力、物力条件等确定，如主导风向明显，下风向设点应多一些，一般约占采样总数的60%。网格划分越小，检测结果越接近真值，监测效果越好。网格布点法适用于有多个污染源且污染分布比较均匀的地区。

3.同心圆布点法

这种方法主要用于由多个污染源构成污染群，且大污染源较集中的地区。先找出污染群的中心，以此为圆心在地面上画若干个同心圆，再从圆心作若干条放射线将放射线与圆周的交点作为采样点。不同圆周上的采样数目不一定相等或均匀分布，常年主导风向的下风向比上风向多设一些点。例如，同心圆半径分别取4 km、10 km、20 km、40 km，由里向外各圆周上分别设4、8、8、4个采样点。

4.扇形布点法

扇形布点法适用于主导风向明显的地区，或孤立的高架点源，以点源为顶点，呈45°扇形展开，采样点在距点源不同距离的若干弧线上。扇形布点主要用于大型烟囱排放污染物的取样，烟囱越高，污染面越大，采样点就要增多。

四、采样时间和频率的确定

采样时间是指每次采样从开始到结束所经历的时间，也称采样时段。采样频率是指一定时间范围内的采样次数。这两个参数要根据监测目的、污染物分布特征及人力、物力等因素决定。

（一）采样时间

采样时间短，试样缺乏代表性，监测结果不能反映污染物浓度随时间的变化，仅适用于事故性污染、初步调查等情况的应急监测。为增加采样时间，目前采用的方法是使用自动采样仪器进行连续自动采样，若再配上污染组分连续或间歇自动监测仪器，其监测结果能更好地反映污染物浓度的变化，得到任何一段时间（如一个小时、一天、一个月、一个季度、一年）的代表值（平均值）。这是最佳的采样和测定方式。

（二）采样频率

采样频率安排合理、适当，积累足够多的数据，则具有较好的代表性。增加采样频率，即每隔一定时间采样测定一次，取多个试样测定结果的平均值为代表值。例如，每个月采样一天，而一天内由间隔等时间采样测定一次，求出日平均、月平均监测结果。这种方法适用于受人力、物力限制而进行人工采样测定的情况，是目前进行大气污染常规监测、环境质量评价现状监测等广泛采用的方法。

《环境空气质量标准》（GB 3095—2012）要求测定日平均浓度和最大一次浓度。若采用人工采样测定，应满足：在采样点受污染最严重的时期采样测定；最高日平均浓度全年至少监测 20 天；最大一次浓度不得少于 25 个；每日监测次数不少于 3 次。

第三节 环境空气样品的采集

一、采集方法

根据被测物质在空气中存在的状态和浓度，以及所用分析方法的灵敏度，可选择不同的采样方法。采集空气样品的方法一般分为直接采样法和富集采样法两大类。

（一）直接采样法

直接采样法一般用于空气中被测污染物浓度较高，或者所用的分析方法灵敏度高的情况，直接进样就能满足环境监测的要求，如用氢火焰离子化检测器测定空气中的苯系物。用这类方法测得的结果是瞬时或者短时间内的平均浓度，可以较快地得到分析结果。直接采样法常用的采样容器有注射器、塑料袋、真空瓶（管）和一些固定容器等。这种方法具有经济和轻便的特点。

1.注射器采样法

注射器采样法是将空气中被测物采集在100 mL注射器中的方法。采样时，先用现场空气冲洗2～3次，然后抽取空气样品100 mL，密封进样口，带回实验室进行分析。采集的空气样品要立即进行分析，最好当天处理完毕。注射器采样法一般用于有机蒸气的采样。

2.塑料袋采样法

塑料袋采样法是将空气中被测物质直接采集在塑料袋中的方法。此种方法需要注意所用塑料袋不应与所采集的被测物质起化学反应，也不应对被测物质产生吸附作用。常用塑料袋有聚乙烯袋、聚四氟乙烯袋及聚酯袋等，为减少对被测物质的吸附，有些塑料袋内壁衬有金属膜，如衬银、铝等。采样时，用二连球打入现场空气，冲洗 2～3 次，然后充满被测样品，夹住进气口，带回实验室进行分析。

3.采气管采样法

采气管是两端具有旋塞的管式玻璃容器，其容积为 100～500 mL。采样时，打开两端旋塞，将二连球或抽气泵接在管的一端，迅速抽进比采气管体积大 6～10 倍的欲采气体，使气管中原有气体完全被置换出，关上两端旋塞，采气体积就是采气管的容积。

4.真空瓶（管）采样法

真空瓶（管）采样法是将空气中被测物质采集到预先抽成真空的玻璃瓶或玻璃采样管中的方法。所用的采样瓶（管）必须是用耐压玻璃制成的，一般容积为 500～2 000 mL。

抽真空时，瓶外面应套有安全保护套，一般抽至剩余压力为 1.33 kPa 左右即可，如瓶中预先装好吸收液，可抽至溶液冒泡时为止。采样时，在现场打开瓶塞，被测空气即进入瓶中，关闭瓶塞，带回实验室进行分析。采样体积为真空采样瓶（管）的体积。如果真空度达不到 1.33 kPa，那么采样体积的计算应扣除剩余压力。

（二）富集采样法

当空气中被测物质浓度很低，而所用分析方法又不能直接测出其含量时，要用富集采样法进行空气样品的采集。富集采样的时间一般比较长，所得的分析结果是在富集采样时间内的平均浓度，这更能反映环境污染的真实情况。

富集采样的方法有溶液吸收法、填充柱阻留法（固体阻留法）、滤料阻留法、低温冷凝法及自然积集法等。在实际应用时，可根据监测目的和要求、污染物的理化性质、在空气中的存在状态以及所用的分析方法来选择。

1.溶液吸收法

溶液吸收法是用吸收液采集空气中气态、蒸气态物质以及某些气溶胶的方法。当空气样品进入吸收液时，气泡与吸收液界面上的监测物质的分子由于溶解作用或化学反应，很快地进入吸收液中。同时，气泡中间的气体分子因存在浓度梯度和运动速度极快，能迅速地扩散到气—液界面上。因此，整个气泡中被测物质分子很快被溶液吸收。各种气体吸收管就是利用这个原理而设计的。

理想的吸收液理化性质稳定，在空气中和在采样过程中自身不会发生变化，挥发性小，并能够在较高温度下经受较长时间采样而无明显挥发损失，有选择性地吸收，吸收效率高，能迅速地溶解被测物质或与被测物质起化学反应。理想的吸收液中就含有显色剂，边采样边显色，不仅采样后即可比色定量，而且可以控制采样时间，使显色强度恰好在测定范围内。常用的吸收液有水溶液和有机溶剂等。

吸收液的选择原则：①与被采集的物质发生化学反应快或对其溶解度大；②污染物被吸收液吸收后，要有足够的稳定时间，以满足分析测定所需时间的要求；③污染物被吸收后，应有利于下一步分析测定，最好能直接用于测定；④吸收液毒性小、价格低、易于购买，且最好能够回收利用。

2.填充柱阻留法

填充柱是用一根长 6～10 cm、内径 3～5 mm 的玻璃管或塑料管，内装颗粒状填充剂制成的。采样时，让气样以一定流速通过填充柱，欲测组分因吸附、溶解或化学反应等被阻留在填充剂上，达到浓缩采样的目的。采样后，通过解吸或溶剂洗脱，使被测组分从填充剂上释放出来进行测定。根据填充剂阻留作用的原理，填充柱可分为吸附型填充柱、分配型填充柱和反应型填充柱。

吸附型填充柱的填充剂是颗粒状固体吸附剂，如活性炭、硅胶、分子筛、高分子多孔微球等。在选择吸附剂时，既要考虑吸附效率，又要考虑易于解吸测定。

分配型填充柱的填充剂是表面涂有高沸点有机溶剂的惰性多孔颗粒物（如硅藻土），类似于气液色谱柱中的固定相，只是有机溶剂的用量比色谱固定相大。当被采集气样通过填充柱时，在有机溶剂（固定液）中分配系数大的组分保留在填充剂上而被富集。

反应型填充柱是由惰性多孔颗粒物（如石英砂、玻璃微球等）或纤维状物（如滤纸、玻璃棉等）表面涂渍能与被测组分发生化学反应的试剂制成的。气样通过填充柱时，被测组分在填充剂表面因发生化学反应而被阻留。

3.滤料阻留法

将过滤材料（滤纸、滤膜等）放在采样夹上，用抽气装置抽气，则空气中的颗粒物被阻留在过滤材料上，称量过滤材料上富集的颗粒物质量，根据采样体积，即可计算出空气中颗粒物的浓度。

4.低温冷凝法

空气中某些沸点比较低的气态污染物，如烯烃类、醛类等，在常温下用固体填充剂的方法富集效果不好，而低温冷凝法可提高采集效率。将U形或蛇形采样管插入冷阱中，当空气流经采样管时，被测组分因冷凝而凝结在采样管底部。如用气相色谱法测定，可将采样管与仪器进气口连接，移去冷阱，在常温或加热情况下气化，进入仪器测定。

二、采样效率及评价

采样方法或采样器的采样效率是指在规定的采样条件（如采样流量、污染物浓度范围、采样时间等）下所采集到的污染物量占总量的百分数。采样效率的评价方法通常与污染物在空气中的存在状态有很大关系。不同的存在状态有不同的评价方法。

（一）采集气态和蒸气态的污染物效率的评价方法

采集气态和蒸气态的污染物常用溶液吸收法和填充柱阻留法。效率评价方法有绝对比较法和相对比较法两种。

1.绝对比较法

精确配制一个已知浓度为 c_0 的标准气体，然后用所选用的采样方法采集标准气体，测定其浓度，比较实测浓度 c_1 和配气浓度 c_0，其采样效率 K 为：

$$K = c_1/c_0 \times 100\% \qquad \text{（式 5-1）}$$

用这种方法评价采样效率虽然比较理想，但是配制已知浓度的标准气体有一定困难，实际应用时受到限制。

2.相对比较法

配制一个恒定浓度的气体，而其浓度不一定要求准确已知。然后，用 2～3 个采样管串联起来采集所配制的样品。采样结束后，分别测定各采样管中污染物的含量，计算第一个采样管含量占各管总量的百分数，其采样效率 K 为：

$$K = c_1/(c_1 + c_2 + c_3) \times 100\% \qquad \text{（式 5-2）}$$

式中：c_1、c_2、c_3 分别为第一个、第二个和第三个采样管中污染物的实测浓度。

用此法计算采样效率时，要求第二个采样管和第三个采样管的浓度之和与第一个采样管比较是极小的，这样三个采样管所测得的浓度之和就近似于所配制的气样浓度。一般要求 K 值在 90%以上。采样效率过低时，应更换采样管、吸收剂或降低抽气速度。

（二）采集颗粒物效率的评价方法

采集颗粒物效率的评价方法有两种：一种是颗粒采样效率，即所采集到的颗粒数占总颗粒数的百分比；另一种是质量采样效率，即所采集到的颗粒物质量占颗粒物总质量的百分比。只有当全部颗粒大小相同时，这两种采样效率才在数值上相等。但是，实际上这种情况是不存在的。粒径几微米以下的极小颗粒在颗粒数上是占绝大部分，而按质量计算却只占很小部分。所以，质量采样效率总是大于颗粒采样效率。在空气监测中，多用质量采样效率评价采集颗粒物的效率。

采集颗粒物效率的评价方法与采集气态和蒸气态的污染物效率的评价方法有很大的不同：一是由于配制已知浓度标准颗粒物在技术上比配制标准气体

要复杂得多，而且颗粒物粒度范围很大，所以很难在实验室模拟现场存在的气溶胶的各种状态；二是用滤料采样就像一个滤筛一样，能漏过第一张滤料的细小颗粒物，也有可能会漏过第二张或第三张滤料，所以用相对比较法评价颗粒物的采样效率就有困难。鉴于以上情况，评价滤料的采样效率一般用另一个已知采样效率高的方法同时采样，或串联在其后面进行比较得出。采集颗粒物的效率常用一个灵敏度很高的颗粒计数器测量进入滤料前后的空气中的颗粒数来计算。

第四节　空气污染物的测定

空气中污染物的状态大致可分为气态、蒸气和气溶胶。常见的气态污染物有一氧化碳、二氧化硫、氮氧化物、硫化物、氯气、氯化氢、氟化氢和臭氧。常见气溶胶中固体颗粒有粉尘、烟和尘粒等。

一、粒子状污染物的测定

大气中的悬浮颗粒污染物，特别是小颗粒的污染物对人体的健康危害最大，各种呼吸道疾病的产生，无不与它们有关。悬浮颗粒污染物对环境也有严重的影响，大雾弥漫可使局部地区气候恶化。因此，监测大气中的悬浮颗粒污染物浓度，治理悬浮颗粒污染物，对保护人类与自然显得十分重要。

（一）自然降尘的测定

降尘是大气污染监测的参考性质指标之一。降尘是指在空气环境下，靠重力自然沉降在集尘缸中的颗粒物。降尘颗粒多在 10 μm 以上。

1.测定原理

空气中可沉降的颗粒，沉降在装有乙二醇水溶液的集尘缸里，样品经蒸发、干燥、称量后，计算降尘量。

2.采样

（1）设点要求

采样地点附近不应有高大的建筑物及局部污染源的影响；集尘缸应距离地面 5～15 m。

（2）样品收集

放置集尘缸前，加入乙二醇 60～80 mL，以占满缸底为准，加入的水量适宜（50～200 mL）；将采样缸放在固定架上并记录放缸地点、缸号、时间；定期取采样缸。

（3）测定步骤

①瓷坩埚的准备

将洁净的瓷坩埚置于电热干燥箱内在（105±5）℃烘 3 h，取出放入干燥器内冷却 50 min，在分析天平上称量；在同样的温度下再烘 50 min，冷却 50 min，再称量，直至恒重（两次误差小于 0.4 mg），此值为 W_0。然后，将瓷坩埚置于高温熔炉内在 600 ℃灼烧 2 h，待炉内温度降至 300 ℃以下时取出，放入干燥器中，冷却 50 min，称量，再在 600 ℃下灼烧 1 h，冷却 50 min，再称量，直至质量恒定，此值为 W_b。

②降尘总量的测定

剔除采样缸中的树叶、小虫后其余部分转移至 500 mL 烧杯中，在电热板上蒸发至 10～20 mL，冷却后全部转移至恒重的坩埚内蒸干，放入干燥箱经（105±5）℃烘干至恒重 W_1。

③试剂空白测定

取与采样操作等量的乙二醇水溶液，放入 500 mL 烧杯中，重复前面实验内容，得到的恒定质量减去 W_0 即为空白 W_e。

（4）计算

$$M=(W_1-W_0-W_e)/S_n\times30\times10^4 \quad \text{（式 5-3）}$$

式中：

M——除尘总量，t/（km^2·30 d）；

W_1——降尘，瓷坩埚、乙二醇水溶液蒸发至干恒重质量，g；

W_0——瓷坩埚恒重质量，g；

W_e——空白质量，g；

S——集尘缸缸口面积，cm^2；

n——采样天数，准确至 0.1 d。

（二）PM10 和 PM2.5 的测定

PM10 又称胸部颗粒物，指可吸入颗粒物中能够穿过咽喉进入人体肺部的气管、支气管区和肺泡的那部分颗粒物，它并不是表示空气动力学直径小于 10 μm 的可吸入颗粒物，而是表示具有 D50＝10 μm，空气动力学直径小于 30 μm 的可吸入颗粒物。其中，空气动力学直径指在通常的温度、压力和相对湿度的情况下，在静止的空气中，与实际颗粒物具有相同重力加速度的密度为 $1g/cm^3$ 的球体直径，实际上是一种假想的球体颗粒直径；而 D50 是指在一定的颗粒物体系中，即空气动力学直径范围一定时，颗粒物的累积质量占到总颗粒物质量一半（50%）时所对应的空气动力学直径，它代表了可吸入颗粒物体系的几何平均空气动力学直径。

由于通常不能测得实际颗粒的粒径和密度，而空气动力学直径则可直接由动力学的方法测量求得，这样可使具有不同形状、密度、光学与电学性质的颗粒粒径有统一的量度。大气颗粒物（或气溶胶粒子）的粒径（直径或半径），均应指空气动力学直径。在标准状况下，粒子的空气动力学直径为 0.5 μm，比重为 2 时，其真实直径只有 0.34 μm，而比重为 0.5 时，其真实直径却为 0.73 μm。

测定空气动力学直径的仪器有空气动力学直径测定仪。

细颗粒物的化学成分主要包括有机碳、元素碳、硝酸盐、硫酸盐、铵盐、钠盐等。

目前，各国环保部门广泛采用的空气粒子状污染物测定方法有重量法、微量振荡天平法和β射线吸收法等。重量法是最直接、最可靠的方法，是验证其他方法是否准确的标杆。但重量法需人工称重，程序烦琐费时。如果要实现自动监测，就需要用其他方法。自动监测仪在 24 小时空气质量连续自动监测中应用广泛。在污染较重或地理位置重要的地方，自动监测仪可有效地反映空气中 PM10、PM2.5 污染浓度的变化情况，为环保部门进行空气质量评估和政府决策提供准确、可靠的数据依据。

1.重量法

测定依据是《环境空气 PM10 和 PM2.5 的测定 重量法》（HJ 618—2011），适用于环境空气中 PM10 和 PM2.5 浓度的测定。

（1）方法原理

分别通过具有一定切割特性的采样器，以恒速抽取定量体积空气，使环境空气中 PM2.5 和 PM10 被截留在已知质量的滤膜上。根据采样前后滤膜的重量差和采样体积，计算出 PM2.5 和 PM10 的浓度。

（2）主要仪器

PM10（或 PM2.5）切割器及采样系统、采样器孔口流量计、滤膜、分析天平、恒温恒湿箱（室）、干燥器。

（3）分析步骤

将滤膜放在恒温恒湿箱（室）中平衡 24 h，平衡条件：温度取 15 ℃～30 ℃中任何一个，相对湿度控制在 45%～55%，记录平衡温度与湿度。在上述平衡条件下，用感量为 0.1 mg 或 0.01 mg 的分析天平称量滤膜，记录滤膜重量。同一滤膜在恒温恒湿箱（室）中相同条件下再平衡 1 h 后称重。对于 PM10 和 PM2.5 颗粒物样品滤膜，两次重量之差分别小于 0.4 mg 或 0.04 mg 为满足恒重要求。

2.微量振荡天平法

在质量传感器内使用一个振荡空心锥形管，在其振荡端安装可更换的滤膜，振荡频率取决于锥形管特征和其质量。当采样气流通过滤膜时，其中的颗粒物沉积在滤膜上，滤膜的质量变化导致振荡频率的变化，通过振荡频率变化计算出沉积在滤膜上颗粒物的质量，再根据流量、现场环境温度和气压计算出该时段颗粒物标志的质量浓度。

3.β射线吸收法

利用抽气泵对大气进行恒流采样，经PM10或PM2.5切割器切割后，大气中的颗粒物吸附在β源和盖革计数管之间的滤纸表面，采样前后盖革计数管计数值的变化反映了滤纸上吸附灰尘的质量变化，由此可以得到采样空气中PM10的浓度。

二、分子状污染物的测定

分子状污染物较多，本节只介绍最基本和最重要的物质的测定。

（一）二氧化硫的测定

二氧化硫（SO_2）是主要大气污染物之一，来源于煤和石油产品的燃烧、含硫矿石的冶炼、硫酸等化工产品生产所排放的废气。

1.测定方法

测定SO_2的方法很多，常见的有分光光度法、紫外荧光法、电导法、恒电流库仑法和火焰光度法。国家制定了两个标准，即《环境空气 二氧化硫的测定 四氯汞盐吸收-副玫瑰苯胺分光光度法》（HJ 483—2009）和《环境空气 二氧化硫的测定 甲醛吸收-副玫瑰苯胺分光光度法》（HJ 482—2009）。

四氯汞盐吸收-副玫瑰苯胺分光光度法适用于大气中二氧化硫的测定，方法检出限为0.015 μg/m^3，以50 mL吸收液采样24 h，采样288 L时，可测浓度范围为 0.017～0.35 mg/m^3；甲醛吸收-副玫瑰苯胺分光光度法方法检出限为 0.007 mg/m^3，以 50 mL 吸收液采样 24 h，采样 288 L 时，最低检出限为 0.003 mg/m^3。

2.测定原理

两种测定方法原理基本上相同，差别在于 SO_2 吸收剂不同，一种方法是用四氯汞钾作为吸收液，另一种方法是用甲醛缓冲液作为吸收液。

（1）用四氯汞钾作为吸收液

气样中的 SO_2 被吸收液吸收生成稳定的二氯亚硫酸盐配合物，此配合物与甲醛和盐酸副玫瑰苯胺反应生成红色配合物，用分光光度法测定生成配合物的吸光度，进行定量分析。

（2）用甲醛缓冲溶液作为吸收液

气样中 SO_2 与甲醛生成羟醛甲基磺酸加成产物，加入氢氧化钠（NaOH）溶液使加成产物分解释放出 SO_2，再与盐酸副玫瑰苯胺反应生成紫红色配合物，比色定量分析。

（二）氮氧化物的测定

氮的氧化物有一氧化氮（NO）、二氧化氮（NO_2）、三氧化二氮（N_2O_3）、五氧化二氮（N_2O_5）等多种形式。大气中的氮氧化物主要以 NO 和 NO_2 的形式存在，主要来源于石化燃料、化肥等生产排放的废气，以及汽车排气。

大气中的 NO、NO_2 可分别测定，也可测定它们的总量。常见的测定方法有盐酸萘乙二胺分光光度法、化学发光法。

1.盐酸萘乙二胺分光光度法

（1）测定原理

空气中的氧化氮经氧化管后，在采样吸收过程中生成亚硝酸，再与对氨基苯磺酰胺（磺胺）进行重氮化反应，然后与盐酸萘乙二胺偶合生成玫瑰红氮化合物，比色定量分析。

（2）采样

①1 h 采样

用一个内装 10 mL 吸收液的普通型多孔玻璃吸收管，进口接上一个氧化管，并使管略微向下倾斜，以免潮湿空气将氧化管弄脏，污染后面的吸收管；以 0.4 L/min 流量避光采气 5～24 L，使吸收液呈现玫瑰红色。

②24 h 采样

用一个内装 50 mL 吸收液的大型多孔玻璃板吸收管，进口接上一个氧化管，并使管略微向下倾斜，以免潮湿空气将氧化管弄脏，污染后面的吸收管；以 0.2 L/min 的流量避光采气 288 L，或采至吸收液呈现玫瑰红色为止。

记录采样时的温度和大气压。

2.化学发光法

（1）测定原理

某些化合物分子吸收化学能后，被激发到激发态，再由激发态返回到基态时，以光量子的形式释放出能量，这种化学反应称为化学发光。利用测量化学发光强度对物质进行分析测定的方法称为化学发光法。

化学发光分析仪（又称氧化氮分析器）可用于氮氧化物的分析，它是根据一氧化氮和臭氧气相发光反应的原理制成的。被测样气连续被抽入仪器，氮氧化物经过 $NO_2 \rightarrow NO$ 转化器后，以一氧化氮的形式进入反应室，再与臭氧反应产生激发态二氧化氮（NO_2^*），NO_2^*回到基态时放出光子。

光子通过滤光片，被光电倍增管接收，并转变为电流，经放大后而被测量。电流大小与一氧化氮浓度成正比。用二氧化氮标准气体标定仪器的刻度，即得知相当于二氧化氮量的氮氧化物（NO_x）的浓度。

仪器中与 $NO_2 \rightarrow NO$ 转化器相对应的阻力管是为测定一氧化氮用的，这时气样不经转化器而经此旁路，直接进入反应室，测得一氧化氮量。

（2）采样

按标准采用定容取样系统（必须测定排气与稀释空气的总容积，必须按容积比例连续收集样气），空气样品通过聚四氟乙烯管以 1 L/min 的流量被抽入仪器，取样管长度等于 5.0 m，取样探头长度不小于 600 mm。

（3）测量

将进样三通阀置于“测量”位置，样气通过聚四氟乙烯管被抽进仪器，即可读数。

（4）计算

在记录器上读取任一时间的氮氧化物浓度，单位为 mg/m^3。对记录纸上的浓度和时间曲线进行积分计算，可得到氮氧化物小时和日平均浓度，单位为 mg/m^3。

第五节　大气污染防治标准及综合治理

一、大气污染防治标准

环境标准制定是环境管理的中心环节，抓住这个环节，强化环境管理就不是一句空话。各级环境保护部门及卫生监督部门承担着环境质量的监督和管理任务，因此，“依法定标，依标监管”，对提高环境管理的科学性、有效性具有十分重要的意义。

自 1973 年以来，我国就有组织、有目的地开展了大气污染防治标准制度、理论和体系建设，历经标准制度初创期、法律框架建成期、标准作用强化期和标准条款完善期四个阶段。标准立法现已逐步走向成熟。

《中华人民共和国大气污染防治法》规定了大气环保体系中大气环境质量

标准（国家、地方）、大气污染物排放标准（国家、地方）、产品中的环境有害因素限制三类大气污染防治标准。

大气环境质量标准是国家有关部门对大气中有害物质提出的法定最高限值以及为达到要求所规定的相应措施的技术法规和行为规范。大气环境质量标准是控制大气污染、保护居民健康和生态环境、评价污染程度及制定防护措施的法定依据。大气污染的影响范围广泛，暴露人群包括老、幼、病、残、孕等敏感人群，接触时间要考虑昼夜和长期等暴露特点，因此，大气环境质量标准的制定离不开大气质量基准。

大气质量基准与大气环境质量标准是两个不同的概念。大气质量基准是采用科学方法研究得出的对人群不产生有害或不良影响的最大浓度，是根据剂量-反应关系和一定的不确定性系数得出的，其研究的主要内容是大气污染物表征、来源解析以及健康危害的暴露评价、剂量-反应关系评定和机体损伤机制等。

大气污染物排放标准则以大气环境质量标准和国家经济、技术条件为依据进行制定。具体制定思路：一是依据环境容纳能力而定；二是根据可行污染控制技术制定，包括污染预防技术和末端治理技术。制定排放标准时，应根据污染对公众健康及生态环境的影响，选择纳入监管的污染物项目。排放标准体系中应包括固定源、移动源以及其他污染源排放标准。根据权限范围，形成国家、地方、城市三级渐次严格的大气污染物排放标准体系。

以下对中华人民共和国成立以来几项主要的大气环境质量标准分别予以介绍。

（一）《工业企业设计卫生标准》（GBZ 1—2010）

为贯彻执行“预防为主”的卫生工作方针和《中华人民共和国宪法》中有关国家保护环境和自然资源、防治污染和其他公害以及改善劳动条件，加强劳动保护的规定，使工业企业的设计符合卫生要求，保障人民身体健康，卫生部

于2010年发布《工业企业设计卫生标准》（GBZ 1—2010）

（二）《环境空气质量标准》（GB 3095—2012）

为贯彻《中华人民共和国环境保护法》和《中华人民共和国大气污染防治法》，保护和改善生活环境、生态环境，保障人体健康，制定《环境空气质量标准》（GB 3095—2012）。

二、大气污染综合治理

清洁的大气是人类赖以生存、生活的必要条件。为促进经济和社会的可持续发展，防治大气污染，保护和改善生态环境和居民生活环境，我国于1987年发布实施《中华人民共和国大气污染防治法》。距今为止，《中华人民共和国大气污染防治法》历经1995年、2018年两次修正，2000年、2015年两次修订，充分彰显了法律的时效性。为进一步加快改善环境空气质量，满足人民日益增长的美好生活需要，2012年，环境保护部（现为生态环境部）、国家发改委、财政部发布《重点区域大气污染防治“十二五”规划》；2013年，国务院出台《大气污染防治行动计划》（简称“大气十条”）及相应的实施情况考核办法；2018年，国务院发布《打赢蓝天保卫战三年行动计划》，分别就防治燃煤、机动车排放、工业废气和尘等所造成的大气污染进行了严格的规定。综上，应主要从以下几个方面着手治理大气污染：

（一）优化产业空间布局，强化节能环保准入

应根据气象因素和地理条件科学制定城市空间布局规划并严格实施，以利于大气污染物的迁移和扩散。合理规划城市工业用地和生活用地布局，规范城市各类生态产业园区、工业区或开发区，合理确定园区产业发展布局，形成园区内工业生态系统“食物链网”，实现园区内资源能源利用最大化、污染物排

放最小化。建立健全重点行业准入制度，提高节能环保准入门槛。新、改、扩建项目必须按时履行环评手续，在环评审批之前不得开工建设；向当地环保局申请大气污染物总量控制指标，以此作为环评审批的前置条件。

（二）控制燃煤污染，加快调整能源结构

通过提高接受外输电比例，增加煤层气、天然气供应等措施控制我国煤炭消费总量。全面整治农用工业燃煤小锅炉。加快推进“煤改气”“煤改电”和集中供热工程建设。加快重点行业，如燃煤电厂脱硫、脱硝、除尘等污染治理设施的建设和改造。开发利用水能、风能、太阳能、生物质能、地热能，安全高效发展核电。提高清洁能源在我国能源消费结构中的比例。

（三）加大移动源污染防治，控制机动车尾气排放

随着城市化进程的不断加快，城市汽车保有量不断增加。根据城市发展规划，合理控制和管理机动车保有量势在必行。比如，一线城市通过摇号政策控制城市机动车的增加；鼓励居民采取步行、骑自行车等绿色出行方式，采取汽车限号政策，逐步降低机动车使用频次；提供更多优惠政策，大力推动新能源汽车产业和清洁燃料车的发展，以减少燃油机动车的尾气排放；加快淘汰黄标车和老旧车辆。

（四）推行企业清洁生产，大力发展循环经济

对水泥、电力、钢铁、造纸等重点行业实行清洁生产审核。鼓励现有企业采用先进、适用的生产工艺、技术和装备，实施清洁生产技术改造。鼓励产业集聚发展，实施园区循环化发展、产业循环式组合，构建循环型工业体系。

（五）加强个人防护

应对大气污染，居民应做好个人防护措施。首先，当遇到雾霾等大气污染严重情况时，应减少外出频次。必须外出时，戴好防护口罩、帽子等个人防护用品。居家时应关闭门窗，必要时采用空气净化装置净化室内空气。在公共场所从自身做起，不吸烟、不随地吐痰，做新时代的文明人。

第六章　土壤环境监测及污染土壤修复

第一节　土壤环境监测概述

一、土壤的组成

土壤是指陆地表面具有肥力并能生长植物的疏松表层。土壤介于大气圈、岩石圈、水圈和生物圈之间，是环境特有的组成部分。地球的表面是岩石圈，表层的岩石经过风化作用，逐渐破坏成疏松的、大小不等的矿物颗粒，称为母质。土壤是在母质、生物、气候、地形、时间等多种成土因素综合作用下演变而成的。土壤由矿物质、动植物残体腐解产生的有机物质、生物、水分和空气等固、液、气三相组成。

（一）土壤矿物质

土壤矿物质是组成土壤的基本物质，约占土壤固体部分总重量的95%，有土壤骨骼之称。土壤矿物质的组成直接影响土壤的物理性质和化学性质。土壤是由不同粒级的土壤颗粒组成的。土壤粒径的大小影响着土壤对污染物的吸附和解吸能力。例如，大多数农药在黏土中的累积量大于砂土，而且在黏土中结合紧密，不易解吸。

（二）土壤有机质

土壤有机质也是土壤形成的重要基础，它与土壤矿物质共同构成土壤的固相部分。土壤有机质绝大部分集中于土壤表层。在表层（0～15 cm 或 0～20 cm）土壤，有机质一般只占土壤干重量的 0.5%～3%。土壤有机质是土壤中含碳有机化合物的总称，由进入土壤的植物、动物、生物残骸以及施入土壤的有机肥料经分解转化逐渐形成，通常分为非腐殖质和腐殖质两类。非腐殖质包括糖类化合物（如淀粉、纤维素等）、含氮有机化合物及有机磷和有机硫化合物，一般占土壤有机质总量的 10%～15%。腐殖质指植物残体中稳定性较强的木质素及其类似物，在微生物作用下部分被氧化形成的一类特殊的高分子聚合物，具有芳香族结构，含有多种功能团，如羧基、羟基、甲氧基及氨基等。

（三）土壤生物

土壤生物是土壤有机质的重要来源，对进入土壤的有机污染物的降解及无机污染物的形态转化起着主导作用，是土壤净化功能的主要贡献者。

（四）土壤水和土壤气体

土壤水是土壤中各种形态水分的总称，是土壤的重要组成部分。它对土壤中物质的转化过程和土壤形成过程起着决定性作用。土壤水实际是含有复杂溶质的稀溶液，因此，通常将土壤水及其所含溶质称为土壤溶液。土壤溶液是植物生长所需水分和养分的主要供给源。

土壤气体是土壤的重要组成之一。土壤气体组成与土壤本身特性相关，也与季节、土壤水分、土壤深度相关，如在排水良好的土壤中，土壤气体组分与大气基本相同，以氮、氧和二氧化碳为主，而在排水不良的土壤中，氧含量下降，二氧化碳含量增加。

二、土壤背景值

土壤背景值又称土壤本底值，它代表一定环境单元中的一个统计量的特征值。背景值是指在各区域正常地理条件和地球化学条件下元素在各类自然体（岩石、风化产物、土壤、沉积物、天然水、近地大气等）中的正常含量。背景值这一概念最早是地质学家在应用地球化学探矿过程中提出的。在环境科学中，土壤背景值是指在区域内很少受到人类活动影响和未受或未明显受现代工业污染与破坏的情况下，土壤原来固有的化学组成和元素含量水平。

土壤背景值按照统计学的要求进行采样设计和样品采集，分析结果经分布类型检验，确定其分布类型，以其特征值表达该元素本底值的集中趋势，以一定的置信度表达该元素本底值的范围。

在环境科学中，土壤背景值是评价土壤污染的基础，同时也可作为污染途径追踪的依据。

三、土壤环境监测的类型和特点

（一）土壤环境监测的类型

土壤环境监测是指对土壤中各种无机元素、有机物质及病原生物的背景含量、外源污染、迁移途径、质量状况等进行监测的过程。土壤环境监测是环境监测的重要内容之一，其目的是查清本底值，监测、预报和控制土壤环境质量。根据监测目的，土壤环境监测分为以下几类：

1.土壤环境质量监测

土壤环境质量监测是指为了判断土壤的环境质量是否符合相关标准的规定而进行的监测，其目的是判断土壤是否被污染以及污染程度、状况，预测发展变化趋势。相关部门可以根据各类标准的要求对土壤环境质量状况作出判断，同时也可根据相关标准判断某地是否适于用作无公害农产品、绿色食品或有机食品生产基地。

2.土壤背景值调查

土壤背景值调查是指通过测定土壤中元素的含量，确定这些元素的背景水平和变化。土壤背景值是环境保护的基础数据，是研究污染物在土壤中变迁和进行土壤质量评价与预测的重要依据，同时为土壤资源的保护和开发、土壤环境质量标准的制定以及农林经济发展提供依据。

3.土壤污染监测

土壤污染监测是指对土壤中各种金属、有机污染物、农药与病原菌的来源、污染水平及积累、转移或降解途径进行的监测活动。土壤污染的优先监测项目应是对人群健康和维持生态平衡有重要影响的物质。土壤污染监测是长期的、常规性的动态监测，其监测结果对掌握土壤质量状况，实施土壤污染防治措施和质量管理有重要意义。

4.土壤污染事故监测

土壤污染事故监测是指对废气、废水、废液、废渣、污泥以及农用化学品等对土壤造成的污染事故进行的应急监测，需要调查引起事故的污染物来源、种类、污染程度及危害范围等，为行政主管部门采取对策提供科学依据。

（二）土壤环境监测的特点

土壤组成的复杂性和种类的多样性，以及人类对土壤认识的局限性等给土壤环境监测工作带来了许多困难，与大气环境监测、水环境监测相比，土壤环境监测具有以下特点：

1.复杂性

当污染物进入土壤后，其迁移、转化受到土壤性质的影响，将表现出不同的分布特征，同时土壤具有空间变异性特征，因此，土壤监测中采集的样品往往具有局限性。例如，当污水流经农田时，污染物在其各点分布差异很大，采集的样品代表性较差，所以，样品采集时必须尽量反映实际情况，使采样误差降低至最小。

2.低频次

由于污染物进入土壤后变化慢，滞后时间长，所以采样频次低。

3.与植物的关联性

土壤是植物生长的主要环境与基质，是自然界食物链循环的基础，因此，在进行土壤污染监测的同时，还要监测农作物的生长发育是否受到影响。

第二节　土壤监测方案的制定

一、确定监测目的

（一）调查土壤环境污染状况

根据土壤环境质量标准判断土壤是否被污染或污染的程度，并预测其发展变化的趋势。

（二）调查区域土壤环境背景值

通过长期分析测定土壤中某种元素的含量，确定这些元素的背景值水平和变化，为保护土壤生态环境、合理施用微量元素及给地方病的探讨和防治提供依据。

（三）调查土壤污染事故

污染事故会使土壤的结构和性质发生变化，也会对农作物产生损害，分析主要污染物种类、污染程度、污染范围等信息，为相关部门采取措施提供科学依据。

（四）土壤环境科学研究

通过对土壤相关指标的测定，为污染土壤修复、污水土地处理等科研工作提供基础数据。

二、调研收集资料

土壤污染源调查一般包括工业污染源调查、生活污染源调查、农业污染源调查和交通污染源调查。

在进行一个地区的污染源调查或某一单项污染源调查时，应同时进行自然环境背景调查和社会环境背景调查。根据调查的目的不同、项目不同，调查内容可以有所侧重。自然背景调查包括地质、地貌、气象、水文、土壤、生物；社会背景调查包括居民区、水源区、风景区、名胜古迹区、工业区、农业区、林业区。

三、确定监测项目

环境是一个整体，无论污染物进入哪个部分都会对整个环境造成影响。因此，土壤监测必须与大气、水体和生物监测相结合才能全面、客观地反映实际。土壤中的优先监测物有以下两类：

第一类：汞、铅、镉、双对氯苯基三氯乙烷及其代谢产物与分解产物，多氯联苯。

第二类：石油产品，双对氯苯基三氯乙烷以外的长效性有机氯、四氯化碳、醋酸衍生物、锌、硒、铬、镍、锰、钒，有机磷化合物及其他活性物质（抗生素、激素、致畸性物质、催畸性物质和诱变物质），等等。

我国土壤常规监测项目如下：

金属化合物：镉、铬、铜、汞、铅、锌。

非金属化合物：砷、氰化物、氟化物、硫化物等。

有机及无机化合物：三氯乙醛、油类、挥发酚、双对氯苯基三氯乙烷等。

第三节　土壤样品的采集与保存

一、土壤样品的采集

（一）采样准备

1.采样需要准备的资料

采样前应充分了解有关技术文件和监测规范，并收集与监测区域相关的资料，主要包括以下几个方面：

①监测区域的交通图、土壤图、地质图、大比例尺地形图等资料，用于制作采样工作图和标注采样点位。

②监测区域的土类、成土母质等土壤信息资料。

③工程建设或生产过程对土壤造成影响的环境研究资料。

④造成土壤污染事故的主要污染物的毒性、稳定性以及如何消除等资料。

⑤土壤历史资料和相应的法律法规。

⑥监测区域工农业生产及排污、污灌、化肥和农药施用情况等资料。

⑦监测区域气候资料（温度、降水量）、水文资料；监测区域遥感与土壤利用及其演变过程方面的资料。

通过现场踏勘，将调查得到的信息进行验证、整理和利用，丰富采样工作图的内容。

2.采样所需器具

采样器具一般包括以下几类：

①工具类：铁锹、铁铲、圆状取土钻、螺旋取土钻、竹片以及适合特殊采样要求的工具等。

②器材类：罗盘、照相机、胶卷、卷尺、铝盒、样品袋和样品箱等。

③文具类：样品标签、采样记录报表、铅笔、资料夹等。

④安全防护用品：工作服、工作鞋、安全帽、药品箱等。

⑤交通工具：采样专用车辆。

（二）采样点的布设

合理划分采样单元是采样点布设的前期工作。监测单元是按地形—成土母质—土壤类型—环境影响划分的监测区域范围。土壤采样点是在监测单元内实施监测采样的地点。

为了使采集的监测样品具有较好的代表性，必须避免主观因素，遵循“随机”和“等量”原则。一方面，组成样品的个体应当是随机地取自总体；另一方面，一组需要相互之间进行比较的样品应当由等量的个体组成。“随机”和“等量”是决定样品具有同等代表性的重要条件。

1.采样点布设的原则

采样点的布设必须遵循以下原则：

（1）全面性原则

布设的点位要全面覆盖不同类型调查监测单元区域。

（2）代表性原则

针对不同调查监测单元区域土壤的污染状况和污染空间分布特征采用不同的布点方法，布设的点位要能够代表调查监测区域内土壤环境质量状况。

（3）客观性原则

具体采样点选取应遵循“随机”和“等量”原则，避免主观因素，使组成总体的个体有同样的机会被选入样品，同级别样品应当由相似的等量个体组成，保证相同的代表性。

（4）可行性原则

布点应兼顾采样现场的实际情况，考虑交通、安全等方面情况；保证样品的代表性，最大限度地节约人力和实验室资源。

（5）连续性原则

在满足本次调查监测要求的基础上，布点应兼顾以往土壤调查监测布设的点位情况，考虑长期连续调查监测的要求。

2.布点的方法

布点的方法一般有三种，即简单随机布点、分块随机布点和系统随机布点。

（1）简单随机布点

简单随机布点是一种完全不带主观限制条件的布点方法。通常将监测单元分成网格，每个网格编上号码，决定采样点样品数后，随机抽取规定的样品数的样品，其样本号码对应的网格号为采样点。

（2）分块随机布点

根据收集的资料，如果监测区域内的土壤有明显的几种类型，则可将区域分成几块，每块区域内污染物较均匀，块间的差异较明显，将每块区域作为一个监测单元，在每个监测单元内再随机布点。在合理分块的前提下，分块随机布点的代表性比简单随机布点好，如果分块不正确，分块随机布点的效果可能会适得其反。

（3）系统随机布点

将监测区域分成面积相等的几部分（网格划分），每个网格内布设一个采样点，这种布点方法称为系统随机布点。如果区域内土壤污染物含量变化较大，系统随机布点比简单随机布点所采样品的代表性更好。

（三）采样过程

1.混合样品

如果只是一般了解土壤污染状况，对种植一般农作物的耕地，只需采集0～20 cm耕作层土壤；对种植果林类农作物的耕地，采集0～60 cm耕作层土壤。将在一个采样单元内各采样点采集的土样混合均匀制成混合样，组成混合样的分点数通常为5～20个。混合样量往往较大，需要用四分法弃取，最后留下1～2 kg，装入样品袋。

2.剖面样品

如果要了解土壤污染深度，则应按土壤剖面层次分层采样。土壤剖面指地面向下的、垂直于土体的切面。在垂直切面上可观察到与地面大致平行的若干层具有不同颜色、性状的土层。典型的自然土壤剖面分为A层（表层、腐殖质淋溶层）、B层（亚层、淀积层）、C层（风化母岩层、母质层）和底岩层。

采集土壤剖面样品时，需在特定采样地点挖掘一个1.0 m×1.5 m左右的长方形土坑，深度在2 m以内，一般要求达到母质层或潜水层即可。盐碱地地下水位较高，应取样至地下水位层；山地，土层薄，可取样至风化母岩层。根据土壤剖面颜色、结构、质地、松紧度、温度、植物根系分布等划分土层并仔细观察，将剖面形态特征自上而下逐一记录。随后，在各层最典型的中部自下而上逐层用小土铲切取一片土样，每个采样点的取样深度和取样量应一致。将同层次土壤混合均匀，各取1 kg土样，分别装入样品袋。土壤背景值调查也需要挖掘剖面，在剖面各层次典型中心部位自下而上采样，但切忌混淆层次、混合采样。

注意：土壤剖面点位不得选在土类和母质交错分布的边缘地带或土壤剖面受破坏的地方；剖面的观察面要向阳。

（四）采样时间和频率的确定

为了解土壤污染状况，可随时采集样品进行测定。如需同时掌握在土壤上生长的农作物受污染的状况，可在季节变化或农作物收获期采集样品。《农田土壤环境质量监测技术规范》（NY/T 395—2012）规定，一般土壤在农作物收获期采样测定，必测项目一年测定一次，其他项目 3～5 年测定一次。

（五）采样注意事项

采样时，填写土壤样品标签、采样记录、样品登记表。土壤样品标签一式两份，一份放入样品袋内，一份扎在袋口，并于采样结束时在现场逐项、逐个检查。

测定重金属的样品，尽量用竹铲、竹片直接采集样品，或用铁铲、土钻挖掘后，用竹片刮去与金属采样器接触的部分，再用竹铲或竹片采集土样。

二、土壤样品的保存

现场采集样品后，必须逐件与样品登记表、土壤样品标签和采样记录进行核对，核对无误后分类装箱，运往实验室加工处理。运输过程中严防样品损失、混淆和沾污。对光敏感的样品应有避光外包装。含易分解有机物的样品，采集后应置于冰箱中，直至运送到分析室。

制样工作室应分设风干室和磨样室。风干室朝南（严防阳光直射土样），通风良好，整洁无尘，无易挥发性化学物质。在风干室，将土样放置于风干盘上，摊成 2～3 cm 的薄层，适时地压碎、翻动，拣出碎石、砂砾、植物残体。

在磨样室，将风干的样品倒在有机玻璃板上，用木棒、有机玻璃棒再次压碎，拣出杂质，混匀，并用四分法取压碎样，过孔径 0.25 mm（20 目）的尼龙筛。过筛后的样品全部置于无色聚乙烯薄膜上并充分搅拌混匀，再采用四分法取其两份，一份交样品库存放，另一份用于样品的细磨。粗磨样可直接用于土壤 pH 值、阳离子交换量、元素有效态含量等项目的分析。

用于细磨的样品再用四分法分成两份。一份研磨到全部过孔径 0.25 mm（60 目）的筛，用于农药或土壤有机质、土壤全氮量等项目的分析；另一份研磨到全部过孔径 0.15 mm（100 目）的筛，用于土壤元素全量的分析。

研磨混匀后的样品分别装于样品袋或样品瓶，填写土壤样品标签一式两份，瓶内或袋内装一份，瓶外或袋外贴一份。

在制样过程中，采样时的土壤样品标签始终与土壤放在一起，严禁混错，样品名称和编码始终不变；制样工具每处理一份样后擦抹（洗）干净，严防交叉污染；分析挥发性、半挥发性有机物或可萃取有机物不需要上述制样，用新鲜样按特定的方法进行样品前处理。

样品应按样品名称、编号和粒径分类保存。对于含易分解或易挥发的不稳定组分的样品，要采取低温保存的运输方法，并尽快送到实验室。测试项目需要新鲜样品的土样，采集后用可密封的聚乙烯或玻璃容器在 4 ℃以下避光保存，样品要充满容器。避免用含有待测组分或对测试有干扰的材料制成的容器保存样品，测定有机污染物用的土壤样品要选用玻璃容器保存。

第四节　土壤常见污染物指标的监测

一、土壤 pH 值测定

土壤 pH 值是土壤重要的理化参数，对土壤微量元素的有效性和肥力有重要影响。pH 值为 6.5～7.5 的土壤，磷酸盐的有效性最大。土壤酸性增强，使所含许多金属化合物溶解度增大，其有效性和毒性也增大。土壤 pH 值过高（碱性土）或过低（酸性土），均影响植物生长。

测定土壤 pH 值使用玻璃电极法，其测定要点：称取通过 1 mm 孔径筛的土样 10 g 于烧杯中，加无二氧化碳的蒸馏水 25 mL，轻轻摇动后用电磁搅拌器搅拌 1 min，使水和土样混合均匀，放置 30 min，用 pH 计（酸碱检测仪）测定上部浑浊液的 pH 值。测定方法同水的 pH 值测定方法。

测定 pH 值的土样应存放在密闭玻璃瓶中，防止空气中的氨、二氧化碳及酸、碱性气体的影响。土壤的粒径及水土比均对 pH 值有影响。一般酸性土壤的水土比（质量比）保持在 1∶1～5∶1，对测定结果影响不大；碱性土壤的水土比以 1∶1 或 2.5∶1 为宜，水土比增加，测得的 pH 值偏高。另外，风干土壤和潮湿土壤测得的 pH 值有差异，尤其是石灰性土壤，由于风干作用，使土壤中大量二氧化碳损失，导致 pH 值偏高，因此风干土壤的 pH 值为相对值。

二、土壤可溶性盐分测定

土壤中的可溶性盐分是用一定量的水从一定量的土壤中经一定时间提取出来的水溶性盐分。当土壤所含的可溶性盐分达到一定数量后，会直接影响农作物的萌发和生长，其影响程度主要取决于可溶性盐分的含量、组成及农作物的耐盐度。就盐分的组成而言，碳酸钠、碳酸氢钠对农作物的危害最大，其次是氯化钠，而硫酸钠危害相对较轻。因此，定期测定土壤中可溶性盐分总量及盐分的组成，可以了解土壤盐渍程度和季节性盐分动态，为制定改良和利用盐碱土壤的措施提供依据。

测定土壤中可溶性盐分的方法有重量法、比重计法、电导法、阴阳离子总和计算法等，下面简要介绍应用广泛的重量法。

重量法的原理：称取通过 1 mm 孔径筛的风干土壤样品 1 000 g，放入 1 000 mL 大口塑料瓶中，加入 500 mL 无二氧化碳的蒸馏水，在振荡器上振荡提取后，立即抽滤，滤液供分析测定。吸取 50～100 mL 滤液于已恒重的蒸发皿中，置于水浴上蒸干，再在 100～105 ℃烘箱中烘至恒重，将所得烘干残渣用质量分数为 15%的过氧化氢溶液在水浴上继续加热去除有机质，再蒸干至恒重，剩余残渣量就是可溶性盐分总量。

水土比和振荡提取时间影响土壤可溶性盐分的提取，故不能随意更改，以使测定结果具有可比性。此外，抽滤时，应尽可能快速，以减少空气中二氧化碳的影响。

三、土壤金属化合物测定

（一）铅、镉、铜、锌

铅、镉、铜、锌可在土壤中积累，当其含量超过最高允许浓度时，将会危害农作物，测定它们多用原子吸收光谱法、火焰原子吸收光谱法、原子荧光光谱法、电感耦合等离子体原子发射光谱法和电感耦合等离子体质谱法等。

（二）总铬

由于各类土壤成土母质不同，铬的含量差别很大。土壤中铬的背景值一般为 20～200 mg/kg。铬在土壤中主要以三价和六价两种形态存在，其存在形态和含量取决于土壤 pH 值和污染程度等。六价铬化合物迁移能力强，其毒性和危害大于三价铬化合物。土壤中铬的测定方法主要有火焰原子吸收光谱法、分光光度法、等离子体发射光谱法等。

（三）镍

土壤中含少量镍对植物生长有益，但当其在土壤中积累超过允许量后，会使植物中毒；某些镍的化合物，如羟基镍毒性很大，是一种强致癌物质。土壤中镍的测定方法有火焰原子吸收光谱法、分光光度法、等离子体发射光谱法等。

（四）总汞

天然土壤中汞的含量很低，一般为0.1～1.5 mg/kg，其存在形态有单质汞、无机化合态汞和有机化合态汞，其中，挥发性强、溶解度大的汞化合物易被植物吸收，如氯化甲基汞、氯化汞等。汞及其化合物一旦进入土壤，绝大部分被耕层土壤吸附固定。当积累量超过规定的最高允许浓度时，生长在这种土壤上的农作物果实中汞的残留量就可能超过食用标准。测定土壤中的汞广泛采用原子吸收光谱法、原子荧光光谱法、催化热解-冷原子吸收分光光度法等。

（五）总砷

砷在土壤中以五价和三价两种价态形式存在，大部分被土壤胶体吸附或与有机物络合、螯合，或与铁离子、铝离子、钙离子等离子形成难溶性砷化物。土壤被砷污染后，农作物中砷含量必然增加，从而危害人和动物。测定土壤中砷的方法主要有二乙基二硫代甲酸银分光光度法、新银盐分光光度法、氢化物发生原子荧光光谱法、X射线荧光光谱法等。

四、土壤有机污染物测定

（一）土壤中有机氯农药分析方法

土壤样品经处理后采用加速溶剂萃取的方法提取，采用凝胶渗透净化仪净化，采用气相色谱/质谱法对样品中有机氯农药进行分析，采用保留时间进行定性分析，采用特征选择离子的峰面积进行定量分析。使用的仪器有气相色谱/质谱仪、加速溶剂萃取仪和全自动凝胶渗透净化仪。本方法适用于环境土壤、沉积物和固体废弃物中有机氯农药含量的测定，仪器检出限为0.5～1.0 μg/kg。

（二）土壤中邻苯二甲酸酯类分析方法

土壤样品经处理后采用加速溶剂萃取的方法提取，采用凝胶渗透净化仪净化，采用气相色谱/质谱法对样品中邻苯二甲酸酯类进行分析，采用保留时间进行定性分析，采用特征选择离子的峰面积进行定量分析。使用的仪器有气相色谱/质谱仪、加速溶剂萃取仪和全自动凝胶渗透净化仪。本方法适用于环境土壤、沉积物和固体废弃物中邻苯二甲酸酯类含量的测定，仪器检出限为 0.5～20.0 μg/kg。

（三）土壤中多环芳烃类分析方法

土壤样品经处理后采用加速溶剂萃取的方法提取，采用凝胶渗透净化仪净化，采用液相色谱/质谱法对样品中多环芳烃类进行分析，采用保留时间进行定性分析，采用特征选择离子的峰面积进行定量分析。本方法适用于环境土壤、沉积物和固体废弃物中多环芳烃含量的测定，仪器检出限为 1 μg/kg。

第五节　土壤污染与污染土壤修复

一、土壤污染

（一）土壤污染的概念、特点及危害

1.土壤污染的概念

土壤污染是指污染物通过多种途径进入土壤，其数量和速度超过土壤自净能力，导致土壤的组成、结构和功能发生变化，微生物活动受到抑制，有害物质

或其分解产物在土壤中逐渐积累，通过“土壤—植物—人体”或“土壤—水—人体”间接被人体吸收，危害人体健康的现象。污染物进入土壤后，通过土壤对污染物的物理吸附、胶体结合、化学沉淀、生物吸收等一系列过程与作用，使其不断在土壤中累积，当其含量达到一定程度时，就会引起土壤污染。

对于土壤污染，一般采用土壤污染指标和土壤污染指数来评价土壤污染程度。国际上，土壤污染指标尚未有统一的标准。目前，中国采用的土壤污染指标：①土壤容量指标；②土壤污染物的全量指标；③土壤污染物的有效浓度指标；④生化指标（土壤微生物总量减少 50%，土壤酶活性降低 25%）；⑤土壤背景值加 3 倍标准差等作为标准。

识别土壤污染通常有以下三种方法：①土壤中污染物含量超过土壤背景值的上限值；②土壤中污染物含量超过土壤环境质量标准中的标准值；③土壤中的污染物对生物、水体、空气或人体健康产生危害。

2.土壤污染的特点

（1）隐蔽性或潜伏性

土壤污染被称作“看不见的污染”，这是因为它不像大气、水体污染那样，容易因嗅觉、视觉的刺激被人们觉察，而很多情况下，土壤污染是在人或动物食用污染土壤中生长的粮食、蔬菜等作物后健康发生变化，或者在人们有意识地对粮食、蔬菜、土壤样品等进行分析化验时才被发现的。

（2）累积性与地域性

土壤对污染物进行吸附、固定，其中也包括植物吸收，从而使污染物聚集于土壤中。进入土壤的污染物，大多为无机污染物，尤其是重金属和放射性元素都能与土壤有机质或矿物质相结合，并且长久地收纳于土壤中，无论它们如何转化，也很难离开土壤，成为顽固的环境污染问题。污染物在土壤中并不像在大气和水体中那样容易扩散和稀释，因此容易在土壤中不断积累而达到很高的浓度。由于土壤性质差异较大，而且污染物在土壤中迁移慢，导致土壤中污染物分布不均匀，空间变异性较大，因此，土壤污染具有很强的地域性特点。

（3）难以自然恢复

积累在污染土壤中的难降解污染物很难靠稀释作用和土壤的自净作用来消除。比如，重金属污染物对土壤环境的污染基本上是一个难以自然恢复的过程，主要表现在两个方面：①重金属污染物进入土壤环境后，很难通过自然过程从土壤环境中稀释或消失；②重金属污染物对生物体的危害和对土壤生态系统结构与功能的影响不容易恢复。例如，被某些重金属污染的农田生态系统可能需要 100～200 年才能自然恢复。同样，许多被有机化合物污染的土壤也需要较长时间才能降解，尤其是那些持久性有机污染物，在土壤中很难降解，甚至产生毒性较大的中间产物。

（4）治理成本高且周期长

土壤污染一旦发生，仅仅依靠切断污染源的方法往往很难恢复，必须采用各种有效的治理技术才能解决污染问题。但是，从现有的治理方法来看，仍然存在成本高和周期长的问题。因此，需要有更大的投入来探索、研究更为先进、有效的污染土壤修复技术。

3.土壤污染的危害

随着现代工业化和城市化的不断发展，环境中有毒、有害物质日趋增多，土壤污染日益严重。土壤污染的危害主要体现在以下几个方面：

（1）对土壤结构与性质的影响

不同污染物对土壤结构造成的影响不同。如长期大量使用化肥容易导致土壤板结与酸碱度发生变化；增加氮素供应，会引起土壤有机质的消耗，影响微生物的活性，从而影响土壤团粒结构的形成，导致土壤板结；磷肥中的磷酸根离子与土壤中钙、镁等阳离子结合形成难溶性磷酸盐，会破坏土壤团粒结构，致使土壤板结；钾肥中的钾离子能将形成土壤团粒结构的多价阳离子置换出来，由于一价的钾离子不具有键桥作用，土壤团粒结构的键桥被破坏了，致使土壤板结。

（2）对水环境的危害

土壤中一些水溶性污染物受到土壤水淋洗作用而进入地下水，造成地下水污染。例如，土壤中的多环芳烃污染物能够在渗流带迁移，进而进入作为饮用水源的地下水；被任意堆放的含毒废渣以及农药等有毒化学物质污染的土壤，通过雨水的冲刷、携带和下渗，会污染水源；被病原体污染的土壤通过雨水的冲刷和渗透，将病原体带进地表水或地下水中。一些悬浮物及其所吸附的污染物，也可随地表径流迁移，造成地表水体的污染。

（3）对植物的危害

不同污染物对植物的影响是不同的。土壤受铜、镍、钴、锌、砷等元素污染时，会引起植物的生长和发育障碍；土壤受镉、汞、铅等元素污染时，这些元素会蓄积在植物的可食部位。当土壤中含砷量较高时，植物的最初症状是叶片卷曲枯萎，进一步是根系发育受阻，最后是植物根、茎、叶全部枯死。

一些在土壤中长期存活的病原体严重地危害植物。例如，某些致病细菌污染土壤后能引起番茄、茄子、辣椒、马铃薯等百余种茄科植物的青枯病，能引起果树的细菌性溃疡和根瘤病。某些致病真菌污染土壤后能引起大白菜、油菜、萝卜、甘蓝、荠菜等一百多种蔬菜的根肿病。

（4）对人体健康的危害

食物链累积造成的危害：人类吃了含有残留农药的各种食品后，残留的农药转移到人体内，这些有毒、有害物质在人体内不易分解，经过长期积累会引起内脏机能受损，使机体的正常生理功能失调，造成慢性中毒，影响身体健康。杀虫剂所引起的致癌、致畸、致突变等问题，令人十分担忧。

长期暴露引起的危害：长时间暴露于多氯联苯、多环芳烃等持久性有机污染物中，癌症发病率将大大升高；长期暴露于一些重金属元素污染的土壤，神经系统、肝脏、肾脏等会受到损害。

（二）土壤污染物的分类

1.根据污染物性质分类

根据污染物性质，土壤污染物可大致分为无机污染物和有机污染物两大类。

（1）无机污染物

土壤中无机污染物主要有重金属、放射性元素、非金属及其化合物等。因重金属应用广泛而污染面广，放射性物质污染常具有地域性。

（2）有机污染物

土壤中有机污染物主要有人工合成的有机农药、酚类物质、氰化物、石油、多环芳烃、洗涤剂以及有害微生物、高浓度耗氧有机物等。其中，以有机氯农药、有机汞制剂、多环芳烃等性质稳定不易分解的有机物为主，它们在土壤环境中易累积，污染危害大。

2.按危害及出现频率分类

（1）重金属

土壤重金属污染是指由于人类活动将金属加入土壤中，致使土壤中重金属含量明显高于原生含量并造成生态环境质量恶化的现象。重金属毒性大、面广、出现频次高，局部污染浓度高，污染土壤的重金属主要包括镉、铅、铬等生物毒性显著的元素，以及有一定毒性的锌、铜、镍等元素。重金属污染主要来自农药、废水、污泥和大气沉降等。

（2）土壤中石油类污染物

随着石油产品需求量的增加，大量的石油及其加工品进入土壤，给生物和人类带来危害，造成土壤的石油污染日趋严重，这已成了世界性的环境问题，石油污染组分复杂，主要有C15～C36的烷烃、烯烃、苯系物、多环芳烃、酯类等，其中，30余种为美国国家环境保护局规定的优先控制污染物。

（3）持久性有机污染物

常见的持久性有机污染物有多环芳烃、多杂环烃、多氯联苯、多氯代二苯并二恶英、多氯代二苯并呋喃以及农药残体及其代谢产物。

（4）其他工业化学品

据估计，目前有6万～9万种化学品已经进入商业使用阶段，并且以每年上千种新化学品进入的速度增加。有许多化学品，尤其是有些有害化学品由于储藏过程的泄漏、废物处理以及在应用过程中进入环境，导致许多土壤的污染问题。

（5）富营养废弃物

污泥（也称生物固体）是世界性的土壤污染源。目前，污泥的处理方式主要有农业利用、抛海、土地填埋和焚烧等。

污泥可作为植物营养物质的来源，其富含氮、磷等元素，同时还是有机质的重要来源。然而，污泥的价值有时因为含有一些有毒物质（如镉、铜、镍、铅和锌等重金属和有机污染物）而降低。污泥中还含有一些在污水处理中没有被杀死的致病生物，可能会通过农作物进入人体而危害人体健康。

厩肥及动物养殖废弃物中含有大量氮、磷、钾等营养物质，它们对农作物的生长具有营养价值。与此同时，因为其含有食品添加剂、饲料添加剂以及兽药，常常会导致土壤的砷、铜、锌和病菌污染。

（6）放射性核素

核事故、核试验和核电站的运行，都会导致土壤的放射性核素污染。

（7）致病生物

细菌、病毒、寄生虫等致病生物也可污染土壤，这类污染的污染源包括动物或病人尸体等。土壤是这些致病生物的“仓库”，能够进一步构成对地表水和地下水的污染，这些致病生物也可通过土壤颗粒进行传播，使植物受到危害，使牲畜和人感染疾病。

二、污染土壤修复

污染土壤修复是一个范围很广的概念，从土壤污染的绝对定义、相对定义和综合性定义等不同定义方式出发，污染土壤修复亦有不同的内涵。总体上，一般可将通过各种技术手段促使受污染的土壤恢复其基本功能和重建生产力的过程理解为污染土壤修复。土壤环境具有一定的自净作用，在自然循环的情况下，可在一定程度上保持土壤缓冲体系的清洁，而各种人类研发的污染土壤修复技术也是在土壤自净机理的基础上，模拟土壤环境的自净过程，从而对其进行强化处理的。

（一）物理分离修复技术

物理分离修复技术是一项借助物理手段将污染物从环境介质中分离开来的技术。通常情况下，物理分离修复技术被当作初步的分选技术，以减少待处理被污染物的体积，优化后序处理工作。一般来说，物理分离修复技术不能充分达到环境修复的要求。通常，修复工程都是在流动的单元内原位开展的，物理分离修复技术每天能处理 9～450 m^3 的土壤。

1.筛分

根据颗粒直径分离固体称为筛分或过滤，它是使固体通过特定网格大小的线编织筛的过程。粒径大于筛子网格的颗粒留在筛子上，粒径小的部分通过筛子。但是，这个分离过程不是绝对的，大的不对称形状颗粒也可能通过筛子；小的颗粒也可能由于筛子的部分堵塞或黏在大颗粒表面而无法通过。如果让大颗粒在筛子上堆积，有可能将筛孔堵住。因此，筛子通常要有一定的倾斜角度，使大颗粒滑下。或者筛子是静止的，或者采取某种运动方式以便将堵塞筛孔的大颗粒除去。根据颗粒直径分离固体的不同，筛分又分为干筛分和湿筛分，干筛分的粒径范围＞3 000 μm，湿筛分的粒径范围＞150 μm。

一般来说，采用湿筛分技术要遵循以下原则：

①当大量重金属以颗粒状存在时，特别推荐采用湿筛分技术。此时，湿筛分手段能够使土壤无害化，而不需要进一步的处理，同时，应用少量的化学试剂将废液中重金属颗粒的体积降低到一定预期水平。

②如果接下来的化学处理需要水，如采用土壤清洗或淋洗技术，那么也推荐用湿筛分技术。

③如果重金属可以循环利用或废液不需要很多的化学试剂，也适合采用湿筛分技术。

2.水动力学分离

水动力学分离，或称粒度分级，是基于颗粒在流体中的移动速度将其分成多部分的分离技术。颗粒在流体中的移动速度取决于颗粒大小、密度和形状。可以通过强化流体在与颗粒运动方向相反的方向上的运动，提高分离效率。如果落下的颗粒低于有效筛分的粒径要求（通常是 200 μm），此时可采用水动力学分离。同筛分一样，水动力学分离也受颗粒大小影响。但是，与筛分不同的是，水动力学分离还与颗粒密度有关。

湿粒度分级机（水力分级机）比空气分级机更常用一些。分级机适用于较宽范围内颗粒的分离。过去，用大的淘选机从废物堆积场中分离直径几毫米的汽车蓄电池铅，其他分级机如螺旋分级机和沉淀筒也被用来从泥浆中分离细小颗粒。

水力旋风分离器也能够分离极小的颗粒，但常用于 5～150 μm 粒级的分离。水力旋风分离器是体积较小、价格便宜的设备，为了提高处理能力，通常要多个并联使用。

3.重力（或密度）分离

基于物质密度，可采用重力富集方式分离颗粒。在重力和其他一种或多种与重力方向相反的作用力的同时作用下，不同密度的颗粒产生的运动行为也有所不同。尽管密度不同是重力分离的主要标准，但是颗粒大小和形状也影响分离情况。一般情况下，重力分离对粗颗粒比较有效。

重力分离技术对粒径在 10～50 μm 范围的颗粒仍然有效，用相对较小的设备可能达到更好的处理效果。在重力富集器中，振动筛能够分离出 150 μm 至 5 cm 的粗糙颗粒，这个范围也可以放宽到 75 μm 至 5 cm。对于颗粒密度差异较大的未分级（粒径范围较宽）的土壤，或者颗粒密度差异不大但事先经过分级（粒径范围较窄）的土壤，设备处理性能都会相应提高。重力分离设备包括振动筛、螺旋富集器等。

4.脱水分离

物理分离技术大多要用到水，以利于固体颗粒的运输和分离。脱水是为了满足水循环利用的需要。另外，水中还含有一定量的可溶或残留态重金属，因而脱水步骤是很有必要的。通常采用的脱水方法有过滤、压滤、离心和沉淀等。

5.泡沫浮选分离

泡沫浮选分离最初发明于 20 世纪初，目的在于对选矿业中处理起来不够经济、准备废弃的低等矿进行再利用。基于不同矿物有不同表面特性的原理，泡沫浮选分离被用来进行粒度分级，通过向含有矿物的泥浆中添加合适的化学试剂，人为地强化矿物的表面特性而达到分离的目的。气体由底部喷射进入含有泥浆的池体，特定类型矿物选择性地黏附在气泡上并随着气泡上升到顶部，形成泡沫，这样就可以收集到这种矿物。成功的浮选要选择表面多少具有一些憎水性的矿物，这样矿物才能趋近空气气泡。同时，如果在容器顶部气泡仍然能够继续黏附矿物颗粒，所形成的泡沫就相当稳定。加入浮选剂就可以满足这些要求。

浮选的基本原理：固体废物根据表面性质可分为极性与非极性。极性颗粒表面吸附的水分子量大而密集，水化膜厚而难破裂。非极性颗粒表面吸附的水分子少而稀疏，水化膜薄而易破裂。

捕收剂：使预浮的废物颗粒表面疏水，增加可浮性，使其易于向气泡附着。

（二）土壤气相抽提技术

1.原理

土壤气相抽提技术也被称作土壤真空抽提、土壤通风或蒸汽抽提，是指通过降低土壤孔隙蒸气压，把土壤中的污染物转化为蒸汽形式而加以去除的技术，是利用物理方法去除不饱和土壤中挥发性有机污染组分的一种修复技术。该技术利用真空泵产生负压，驱使空气流过污染的土壤孔隙而解吸并夹带有机组分流向抽取井，最终于地上进行处理。为增加压力梯度和空气流速，很多情况下在污染土壤中也安装若干空气注射井。该技术适用于处理污染物为高挥发性化学成分，如汽油、苯和四氯乙烯等的环境污染。

2.类型

土壤气相抽提技术种类：原位土壤气相抽提技术、异位土壤气相抽提技术、多相抽提技术（两相抽提、两重抽提）、生物通风技术。

3.优缺点

土壤气相抽提技术的优点：①能够原位操作且较简单，对周围环境干扰较小；②能高效去除挥发性有机物；③经济性好，在有限的成本范围内能处理更多污染土壤；④系统安装、转移方便；⑤可以方便地与其他技术组合使用。此项技术在应用过程中也有一些限制因素，如在原位土壤蒸汽浸提技术的应用中，下层土壤的异质性、土壤的低渗透性、地下水位高等都成为其限制因素。

（三）固化/稳定化技术

1.概念和分类

固化/稳定化技术包含了两个概念。其中，固化是指利用水泥一类的物质与土壤相混合将污染物包被起来，使之呈颗粒状或大块状存在，进而使污染物处于相对稳定的状态。固化不涉及固化物或固化的污染物之间的化学反应。稳定化是指利用磷酸盐、硫化物和碳酸盐等作为污染物稳定化处理的反应剂，将有害化学物质转化成毒性较低或迁移性较低的物质。

固化/稳定化技术是防止污染土壤释放有害物质或降低其中污染物转移性的修复技术，包括原位固化/稳定化和异位固化/稳定化。稳定化不一定改变污染物及其污染土壤的物理化学性质。

2.常用材料

固化/稳定化常用的材料：无机黏结剂，如水泥、石灰、碱激发胶凝材料等；有机黏结剂，如沥青等热塑性材料；热硬化有机聚合物，如尿素、酚醛塑料和环氧化物等；化学稳定药剂，如无机药剂、有机药剂；土聚物，一种新型的无机聚合物，其分子链由硅、氧、铝等以共价键相连而成，是具有网络结构的类沸石。

3.优缺点

固化/稳定化技术适用于多种土壤污染类型。固化/稳定化技术对污染土壤进行修复具有以下几个方面的优点：可以处理多种复杂金属废物；费用低廉；加工设备容易转移；所形成的固体毒性降低、稳定性增强；凝结在固体中的微生物很难生长，不致破坏结块结构。

该技术在应用过程中的影响因素也较多，例如，土壤中水分及有机污染物的含量、亲水有机物的存在、土壤的性质等都会影响该技术的有效性，并且该技术只是暂时降低了土壤毒性，并没有从根本上去除污染物，当外界条件改变时，这些污染物还有可能释放出来污染环境。另外，在固化/稳定化过程中，可能出现封装后污染物处理过程中所用的过量处理剂的泄漏与污染，以及应用固化剂/稳定剂导致其中可能产生的挥发性有机污染物等的释放问题。

4.一般过程

在对污染土壤开展修复工程前，首先要在恒定温度和湿度环境条件下进行实验室内的可行性研究，确定固化特定污染土壤的最佳固化剂，进行现场小型试验之后再应用于污染土壤修复工程的实施。固化/稳定化技术的一般过程通常包括以下阶段：修复材料准备、土壤样品采集、土壤物理化学性质分析、固化/稳定化修复工艺的确定、固化/稳定化效果评价（物理性质、浸出毒性、形态分析与微观检测）、盆栽试验、现场小型试验、污染土壤修复实施。

（四）玻璃化技术

1.基本原理

玻璃化技术通过高强度能量输入，使污染土壤熔化，将含有挥发性污染物的蒸气回收处理，同时污染土壤冷却后呈玻璃状团块固定。

2.类型

玻璃化技术包括原位玻璃化技术和异位玻璃化技术两个方面。其原理是对土壤固体组分（或土壤及其污染物）进行 1 600 ℃～2 000 ℃的高温处理，使有机物和一部分无机化合物，如硝酸盐、磷酸盐和碳酸盐等得以挥发或热解，从而从土壤中去除。

（1）原位玻璃化技术

原位玻璃化技术适用于含水量低、污染物深度不超过 6 m 的土壤。它对污染土壤的修复时间较长，一般为 6～24 个月。许多因素会对这一技术的应用效果产生影响，这些因素有：埋设的导体通路（管状、堆状）；质量分数超过 20% 的砾石；土壤加热引起的污染物向清洁土壤的迁移；易燃易爆物质的积累；土壤或污泥中可燃有机物的质量分数；低于地下水位的污染修复需要采取措施防止地下水反灌；等等。

（2）异位玻璃化技术

异位玻璃化技术可以去除污染土壤、污泥等泥土类物质中的有机污染物和大部分无机污染物，对于降低土壤介质中污染物的活动性非常有效，玻璃化物质的防泄漏能力也很强。其应用受到以下因素的影响：需要控制尾气中的有机污染物以及一些挥发的重金属蒸气；需要处理玻璃化后的残渣；湿度太高会影响成本；等等。这种方法成本较高，不适合大规模土壤修复工程项目，但是该方法效率较高。

第七章　固体废物监测与处理

第一节　固体废物概述

一、固体废物的概念、分类与危害

（一）固体废物的概念

《中华人民共和国固体废物污染环境防治法》中明确规定，固体废物，是指在生产、生活和其他活动中产生的丧失原有利用价值或者虽未丧失利用价值但被抛弃或者放弃的固态、半固态和置于容器中的气态的物品、物质以及法律、行政法规规定纳入固体废物管理的物品、物质。经无害化加工处理，并且符合强制性国家产品质量标准，不会危害公众健康和生态安全，或者根据固体废物鉴别标准和鉴别程序认定为不属于固体废物的除外。

由此可见，除了固态、半固态废物的污染防治，液态废物和置于容器中的气态废物的污染防治也属于固体废物污染防治范围。固体废物主要来源于人类的生产和消费活动。

（二）固体废物的分类

固体废物一般分为工业固体废物、城市生活垃圾等。

1.工业固体废物

工业固体废物，是指在工业生产活动中产生的固体废物。工业固体废物主要来自冶金工业、石油与化学工业、轻工业、机械电子工业、建筑业和其他工业行业。典型的工业固体废物有炉渣、金属、塑料、橡胶、化学药剂、陶瓷和沥青等。工业固体废物中有很多属于危险废物，如石化行业产生的铬渣、氰渣、含重金属废渣、酸和碱渣等固体废物对人体和环境的潜在危害很大。由于危险废物中含有各种有毒、有害物质，如果管理不善，一旦其危害性质爆发出来，将会给人类、动物和环境带来长久的、难以恢复的影响。因此，国内外都将危险废物作为废物管理的重点。

2.城市生活垃圾

城市生活垃圾是指城市日常生活中或者为城市日常生活提供服务的活动中产生的固体废物。它主要包括厨房垃圾、普通垃圾、庭院垃圾、清扫垃圾、商业垃圾、建筑垃圾和危险垃圾（如医院传染病房、核试验室等排放的各种废物）等。城市生活垃圾的组成很复杂，通常包括食品垃圾、纸类、细碎物、金属、玻璃和塑料等，各组分所占比例随不同国家、不同地区和不同环境而有较大差异。

（三）固体废物的危害

固体废物是各种污染物的终态，特别是从污染控制设施排放出来的固体废物，浓集了许多污染成分，同时这些污染成分在条件变化时又可重新释放出来而进入大气、水体、土壤等，因而其危害具有潜在性和长期性。固体废物对环境的危害主要表现在以下几个方面：

1.侵占土地

固体废物不加利用时，需占地堆放，堆积量越大，占地也越多。据估算，目前我国每年产生工业固体废物6.6亿吨，累计量超过64亿吨，侵占土地5亿多平方米。

2.污染土壤

固体废物自然堆放，其中有毒、有害成分在雨水淋溶作用下直接进入土壤。

这些有毒、有害成分在土壤中长期累积而造成土壤污染，破坏土壤生态平衡，使土壤毒化、酸化、碱化，给动植物带来危害。

3.污染水体

固体废物随天然降水和地表径流进入江河湖泊，或随风进入水体使地面水被污染；随渗沥水进入土壤而使地下水被污染；直接排入河流、湖泊或海洋，又会造成更大面积的水体污染。

4.污染空气

固体废物一般通过以下途径污染空气：①一些有机固体废物在适宜的温度和湿度下被微生物分解，释放有毒气体；②以细粒状存在的废渣和垃圾会随风扩散到空气中；③固体废物在运输和处理过程中，产生有害气体和粉尘。

5.影响环境卫生

我国固体废物的综合利用率很低。工业废渣、生活垃圾在城市堆放，既影响城市形象，又容易传染疾病。

二、固体废物样品的采集和制备

（一）固体废物样品的采集

由于固体废物量大、种类繁多且混合不均匀，因此与水及大气试验分析相比，从固体废物这样不均匀的批量中采集有代表性的试样比较困难。为使采集的固体废物样品具有代表性，在采集之前要研究生产工艺、废物类型、排放数量、堆积历史、危害程度和综合利用情况。如果采集有害废物，则应根据其有害特征采取相应的安全措施。

1.确定监测目的

①鉴别固体废物的特性并对其进行分类，进行固体废物环境污染监测，为综合利用或处置固体废物提供依据。

②污染环境事故调查分析和应急监测。

③进行科学研究或环境影响评价。

2.收集资料

①固体废物的生产单位或处置单位、产生时间、产生形式、贮存方式。

②固体废物的种类、形态、数量和特性。

③固体废物污染环境、监测分析的历史数据。

④固体废物产生、堆存、综合利用及现场勘探，了解现场及周围情况。

3.准备采样工具

固体废物的采样工具包括：尖头钢锹、钢锤、采样探子、采样钻、气动和真空探针、取样铲、具盖盛样桶或内衬塑料的采样袋。

4.选择采样方法

（1）简单随机采样法

一批废物，当对其了解很少，且采取的份样比较分散也不影响分析结果时，对这批废物不做任何处理，不进行分类也不进行排队，而是按照其原来的状况从这批废物中随机采取份样。

①抽签法

先对所有采取份样的部位进行编号，同时把号码写在纸片上（纸片上号码代表采取份样的部位），掺和均匀后，从中随机抽取一定数目的纸片，抽中号码的部位，就是采取份样的部位，此法宜在采取份样的点不多时使用。

②随机数字表法

先对所有采取份样的部位进行编号，有多少部位就编多少号，最大编号是几位数，就把随机数字表的几栏（或几行）合在一起使用，从随机数字表的任意一栏、任意一行数字开始数，碰到小于或等于最大编号的数码就记下来（碰上已抽过的数就不要它），直到抽够份数为止。抽到的号码，就是采取份样的部位。

（2）系统采样法

一批按一定顺序排列的废物，按照规定的采样间隔，每隔一个间隔采取一个份样，组成小样或大样。在一批废物以运送带、管道等形式连续排出的移动过程中，采样间隔可根据表 7-1 规定的份样数和实际批量按下式计算：

$$T \leqslant Q/n \quad 式（7\text{-}1）$$

式中：

T 为采样质量间隔；

Q 为批量；

n 为规定的采样单元数。

表 7-1　批量大小与最小份样数

单位：固体为 t；液体为×1 000 L

批量大小	最小份样数/个	批量大小	最小份样数/个
＜1	5	100～500	30
1～5	10	500～1 000	40
5～30	15	1 000～5 000	50
30～50	20	5 000～10 000	60
50～100	25	≥10 000	80

注意事项：

①采第一个试样时，不能在第一间隔的起点开始，可在第一间隔内随机确定。

②在运送带上或落口处采样，应截取废物流的全截面。

（3）分层采样法

根据对一批废物已有的认识，将其按照有关标志分成若干层，然后在每层中采取份样。在一批废物分次排出或某生产工艺过程的废物间歇排出过程中，可分几层采样，根据每层的质量，按比例采取份样。同时，必须注意粒度比例，使每层所采取份样的粒度比例与该层废物粒度分布大致相符。

（4）权威采样法

由对被采批次的工业固体废物非常熟悉的个人采取样品而置随机性于不顾。这种采样法，其有效性完全取决于采样者的认识。尽管权威采样法有时也能获得有效的数据，但对大多数采样情况，不建议采用这种采样方法。

5.确定份样数和份样量

份样指用采样器一次操作从一批的一个点或一个部位按规定质量所采取的工业固体废物。份样数指从一批工业固体废物中所采取份样个数。份样量指构成一个份样的工业固体废物的质量。份样数的多少取决于两个因素：①物料的均匀程度，物料越不均匀，份样数应越多；②采样的准确度，采样的准确度要求越高，份样数应越多，最小份样数可以根据物料批量的大小进行估计。

一般来说，样品量多一些，才有代表性。因此，份样量不能少于某一限度，但份样量达到一定限度之后，再增加重量也不能显著提高采样的准确度。份样量取决于废物的粒度上限，废物的粒度越大，均匀性越差，份样量就越多，它大致与废物的最大粒度直径的某次方成正比，与废物不均匀性程度成反比。

6.确定采样点

①对于堆存、运输中的同态工业固体废物和大池（坑、塘）中的液体工业固体废物，可按对角线形、梅花形、棋盘形、蛇形等点分布确定采样点。

②对于粉尘状、小颗粒的工业固体废物，可按垂直方向、一定深度的部位确定采样点。

③对于容器内的工业固体废物，可按上部（表面下相当于总体积的 1/6 深处）、中部（表面下相当于总体积的 1/2 深处）、下部（表面下相当于总体积的 5/6 深处）确定采样点。

（二）固体废物样品的制备

采集的原始固废样品，往往数量很大，颗粒大小悬殊，组成不均匀，无法进行试验分析。因此，在进行试验分析之前，需对原始固体试样进行加工处理，称为样品的制备（制样）。制样的目的是从采取的小样或大样中获取最佳量、最具代表性、能满足试验分析要求的样品。

1.准备制样工具

制样工具包括圆盘粉碎机、药碾、钢锤、标准套筛、十字分样板、干燥箱和机械缩分器等。

2.制样要求

①在制样过程中，应防止样品产生化学变化。若制样过程可能对样品的性质产生显著影响，应尽量保持样品原来的状态。

②湿样品应在室温下自然干燥，使其达到适于破碎、筛分和缩分的程度。

③制备的样品应过筛后（筛孔为 5 mm）装瓶备用。

3.制样程序

（1）粉碎

用机械或人工的方法使全部样品逐级破碎。在粉碎过程中，不可随意丢弃难以破碎的粗粒。

（2）缩分

将样品于清洁、平整不吸水的板面上堆成圆锥形，每铲物料自圆锥顶端落下，使其均匀地沿堆尖散落，不可使圆锥中心错位，反复转堆，至少三周，使其充分混合。然后，将圆锥顶端轻轻压平，摊开物料后，用十字板自上压下，分成四等份，取两个对角的等份，重复操作数次，直至不少于 1 kg 试样为止。在进行各项有害特性鉴别试验前，可根据要求的样品量进行缩分。

4.样品水分的测定

称取样品 20 g 左右，测定无机物时可在 105 ℃下干燥至恒重，测定水分含量；测定样品中的有机物时应于 60 ℃下干燥 24 小时，确定水分含量。固体废物测定结果以干样品计算，当污染物含量小于 0.1%时以 mg/kg 表示，含量大于 0.1%时则以百分含量表示。

5.样品的保存

制好的样品密封于容器中保存，贴上标签备用。标签上应注明编号、废物名称、采样地点、批量、采样人、制样人和时间等。特殊样品可采取冷冻或充惰性气体等方法保存。制备好的样品，一般有效保存期为 3 个月。

第二节　固体废物有害特性监测

一、急性毒性

有害废物中会有多种有害成分，组分分析难度较大。急性毒性的初筛试验可以简便地鉴别并表达其综合急性毒性。急性毒性是指一次投给实验动物的毒性物质，其半数致死量小于规定值的毒性。方法如下：

①以体重为 18～24 g 的小白鼠（或体重为 200～300 g 的大白鼠）作为实验动物，若是外购鼠，必须在本单位的饲养条件下饲养 7～10 天，仍活泼健康者方可使用。实验前 8～12 小时和观察期间禁食。

②称取准备好的样品 100 g，置于 500 mL 带磨口玻璃塞的三角瓶中，加入 100 mL pH 值为 5.8～6.3 的水（固液比为 1∶1），振摇 3 分钟于温室下静止浸泡 24 小时，用中速定量滤纸过滤，滤液留待灌胃用。

③灌胃采用 1（或 5）mL 注射器，注射针采用 9（或 12）号，去针头，磨光，弯曲成新月形。对 10 只小白鼠（或大白鼠）进行一次性灌胃，经口一次灌胃，灌胃量为小白鼠不超过 0.4 mL/20 g（体重），大白鼠不超过 1.0 mL/100 g（体重）。

④对灌胃后的小白鼠（或大白鼠）进行中毒症状的观察，记录 48 小时内实验动物的死亡数目。根据实验结果，如出现半数以上的小白鼠（或大白鼠）死亡，则可判定该废物是具有急性毒性的危险废物。

二、易燃性

易燃性是指闪点低于 60℃的液态废物和经过摩擦、吸湿等自发的化学变化或在加工制造过程中有着火趋势的非液态废物，由于燃烧剧烈而持续，以至于会对人体和环境造成危害的特性。鉴别易燃性的方法是测定闪点。

（一）仪器

采用闭口闪点测定仪，常用的配套仪器有温度计和防护屏。

1.温度计

温度计采用 1 号温度计（－30 ℃～170 ℃）或 2 号温度计（100 ℃～300 ℃）。

2.防护屏

防护屏采用镀锌铁皮制成，高度为 550～650 mm，宽度以适用为度，屏身内壁漆成黑色。

（二）测定步骤

按标准要求加热试样至一定温度，停止搅拌，每升高 1 ℃点火一次，至试样上方刚出现蓝色火焰时，立即读出温度计上的温度值，该值即测定结果。

三、腐蚀性

腐蚀性指通过接触能损伤生物细胞组织，或使接触物质发生质变，使容器泄漏而引起危害的特性。腐蚀性的测定方法有两种：一种是测定 pH 值，另一种是测定在 55.7 ℃以下对钢制品的腐蚀率。下面介绍测定 pH 值的方法。

（一）仪器

采用 pH 计或酸度计，最小刻度单位在 0.1 pH 单位以下。

（二）方法

用与待测样品 pH 值相近的标准溶液校正 pH 计，并加以温度补偿。

①对含水量高、呈流态状的稀泥或浆状物料，可将电极直接插入进行 pH 值测量。

②对黏稠状物料可在离心或过滤后，测其滤液的 pH 值。对粉、粒、块状物料，称取制备好的样品 50 g（干基），置于 1 L 塑料瓶中，加入新鲜蒸馏水 250 mL，固液比为 1∶5，加盖密封后，放在振荡机上（振荡频率为 120±5 次/分钟，振幅为 40 mm）于室温下连续振荡 30 分钟，静置 30 分钟后，测上清液的 pH 值。每种废物取三个平行样品测定其 pH 值，差值不得大于 0.15，否则应再取 1～2 个样品重复进行试验，取中位值报告结果。

③对于高 pH 值（9 以上）或低 pH 值（2 以下）的样品，两个平行样品的 pH 值测定结果允许差值不超过 0.2，还应报告环境温度、样品来源、粒度级配，以及试验过程中的异常现象。

四、浸出毒性

固体废物受到浸泡，其中有害成分将会转移到水相而污染地面水、地下水，导致二次污染。

浸出试验采用规定办法浸出水溶液，然后对浸出水溶液进行分析。我国规定的分析项目：汞、镉、砷、铬、铅、铜、锌、镍、锑、铍、氟化物、氰化物、硫化物、硝基苯类化合物。浸出方法如下：

①称取 100 g（干基）试样（无法称取干基质量的样品则先测水分加以换

算），置于容积为 2 L 具有内塞的广口聚乙烯瓶中，加水 1 L（先用氢氧化钠或盐酸调节 pH 值为 5.8～6.3）。

②将瓶子垂直固定在水平往复的振荡器上，调节振荡频率为 110±10 次/分钟，振幅为 40 mm，在室温下振荡 8 小时，静置 16 小时。

③将样品用 0.45 μm 滤膜过滤。滤液按各分析项目要求进行保护，于合适条件下储存备用，每种样品做两个平行浸出试验，每瓶浸出液对欲测项目平行测定两次，取算术平均值报告结果；对于含水污泥样品，其滤液也必须同时加以分析并报告结果；试验报告中还应包括被测样品的名称、来源、采集时间，样品粒度级配情况，试验过程中的异常情况，浸出液的 pH 值、颜色、乳化和分层情况；试验过程中的环境温度及其波动范围。

第三节　固体废物的处理

固体废物的处理通常是指采用物理、化学、生物、物理化学及生物化学方法把固体废物转化得适于运输、贮存、利用或处置的过程。固体废物处理的目标是无害化、减量化、资源化。

固体废物的成分十分复杂，其形状、大小、物理性质的差别也很大，在对固体废物进行处理之前，为了提高固体废物处理工作效率和改善固体废物处理效果，一般要对固体废物进行预处理，可以缩小粒径差别、增大固体废物的颗粒比表面积、分离不同固体成分、回收有利用价值的物质等。对固体废物进行预处理可以达到以下目的：①使运输、焚烧、热解、熔化、压缩等操作易于进行，更经济有效；②提供合适的粒度，有利于综合利用；③增大颗粒比表面积，提高焚烧、热解、堆肥处理的效果；④减小体积，便于运输和高密度填埋。

一、固体废物的压实、破碎和分选

（一）固体废物的压实

压实是一种采用机械方法将固体废物中的空气挤压出来，减少其空隙率以增加其聚集程度的过程。其目的有两个：一是减少体积、增加容重以便于装卸和运输，降低运输成本；二是制作高密度惰性块料以便于贮存、填埋或做建筑材料。大部分固体废物（除焦油、污泥等）可进行压实处理。

压实技术最初主要用来处理金属加工业排出的各种松散废料，后来逐步发展到处理城市垃圾，如纸箱、纸袋和纤维制品等。一般固体废物经过压缩处理后，压缩比（即体积减小的程度）为（3～5）∶1，如果同时采用破碎和压实技术，其压缩比可增加到（5～10）∶1。压缩后的垃圾或袋装或打捆，对于大型压缩块，往往先将铁丝网置于压缩腔内，再装入废物，因而压缩完成后即已牢固捆好。除了便于运输，固体废物压实处理还具有以下优点：

1.减轻环境污染

经过高压压缩的垃圾块切片用显微镜镜检表明，它已成为一种均匀的类塑料结构。

2.快速安全造地

用惰性固体废物压缩块作为地基或填海造地材料，上面只需覆盖很薄的土层，所填场地不必做其他处理或等待多年的沉降，即可利用。

3.节省贮存或填埋场地

废金属切屑、废钢铁制品或其他废渣，其压缩块在加工利用之前，往往需要堆存保管，放射性废物要深埋于地下水泥堡或废矿坑中，压缩处理可大大节省贮存场地。

（二）固体废物的破碎

固体废物的破碎是指利用外力克服固体废物质点间的内聚力而使大块固体废物分裂成小块的过程。

固体废物破碎的目的如下：①使得固体废物的容积减少，便于压缩、运输和贮存，高密度填埋处置时，压实密度高而均匀，可以加快覆土还原；②使得固体废物中连接在一起的一种材料等单体分离，提供分选所要求的入选粒度，从而有效地回收固体废物中有用的成分；③使固体废物均匀一致；④增加比表面积，提高焚烧、热分解、熔融等作业的稳定性和热效率；⑤防止粗大、锋利的固体废物损坏分选、焚烧和热解等设备或炉膛；⑥为固体废物的下一步加工做准备，比如，制砖、制水泥都要求把煤矸石破碎到一定粒度以下，以便进一步加工制备。

1.影响破碎效果的因素

影响破碎效果的因素是物料机械强度等。物料机械强度是由物料一系列力学性质所决定的综合指标，如硬度、结构缺陷等。

硬度是指物料抵抗外界机械力侵入的性质。硬度愈高，物料抵抗外界机械力侵入的能力愈强，破碎愈困难。硬度反映了物料的坚固性。

对于坚固性的测定，一种是从能耗观点出发，如邦德破碎功指数就是以能耗来测定物料坚固性的；另一种是从力的强度出发，如岩矿硬度的测定。国外多用邦德破碎功指数反映物料的坚固性，这种办法比较可靠，只要测出各种物料的功指数大小就能判断各种物料的坚固性。我国通常用莫氏硬度及普氏硬度系数f表示物料的坚固性。其中，莫氏硬度是相对硬度，选取10种标准矿物作为硬度等级，这10种矿物及其硬度等级分别是：滑石（1）、石膏（2）、方解石（3）、萤石（4）、磷灰石（5）、正长石（6）、石英（7）、黄玉（8）、刚玉（9）、金刚石（10）。

结构缺陷对破碎效果的影响较为显著，随着物料粒度变小，裂缝及裂纹逐渐消失，强度逐渐增大，力学的均匀性增高，故细磨更为困难。

总体来说，固体废物的机械强度反映了固体废物抗破碎的阻力，常用静载 F 测定的抗压强度、抗拉强度、抗剪强度和抗弯强度来表示。其中，抗压强度最大，抗剪强度次之，抗弯强度较小，抗拉强度最小。固体废物的机械强度一般以其抗压强度为标准来衡量。抗压强度大于 250 MPa 者为坚硬固体废物，抗压强度在 40～250 MPa 者为中硬固体废物，抗压强度小于 40 MPa 者为软固体废物。

2.破碎方法

破碎方法可分为干式破碎、湿式破碎、半湿式破碎三类。其中，湿式破碎与半湿式破碎在破碎的同时兼具分级分选的处理作用。

干式破碎即通常所说的破碎。按所用的外力即消耗能量形式的不同，干式破碎可分为机械能破碎和非机械能破碎两种方法。机械能破碎是利用工具对固体废物施力而将其破碎的；非机械能破碎则是利用电能、热能等对固体废物进行破碎的新方法，如低温破碎、热力破碎、低压破碎和超声波破碎等。

固体废物的机械强度特别是废物的硬度，直接影响破碎方法的选择。对于脆硬性的废物，宜采用劈碎、冲击、压碎的方法；对于柔韧性废物，宜利用其低温变脆的性能而有效破碎，或是采用剪切、冲击、磨剥的方法。而当废物体积较大不能直接送入破碎机时，需要先行切割成可以装入进料口的尺寸，再送入破碎机。

3.破碎设备

固体废物破碎设备应综合以下因素选择：①所需破碎能力；②固体废物性质（如破碎特性、硬度、密度、形状、含水率等）和颗粒大小；③对破碎产品粒径大小、粒度组成、形状的要求；④供料方式；⑤安装操作现场情况。

常用的破碎机：颚式破碎机、锤式破碎机、冲击式破碎机、剪切式破碎机、辊式破碎机和粉磨机等。

（三）固体废物的分选

固体废物的分选就是将固体废物中各种可回收利用废物或不利于后续处理工艺要求的废物组分采用适当技术分离出来的过程。固体废物的分选是实现固体废物资源化、减量化的重要手段，通过分选可以将有用的成分选出来加以利用，将有害的成分分离出来。固体废物的分选方法可概括为人工分选和机械分选。

1.人工分选

人工分选是在分类收集基础上，主要回收纸张、玻璃、塑料、橡胶等物品的过程。基本的条件：人工分选的废物不能有过大的质量、过大的含水量和对人体的危害性。人工分选的位置大多集中在转运站或处理中心的废物传送带两旁。经验表明：运送待分拣垃圾的皮带速度以小于 9 m/min 为宜。一名分拣工人在 1 h 内能拣出大约 0.5 t 的物料。

人工分选识别能力强，可以区分用机械方法无法分开的固体废物，可对一些无须进一步加工即能回用的物品进行直接回收，同时还可消除所有可能使得后续处理系统发生事故的废物。虽然人工分选的工作劳动强度大、卫生条件差，但目前尚无法完全被机械分选代替。

2.机械分选

根据废物组成中各种物质的粒度、密度、磁性、电性、光电性、摩擦性及弹性的差异，机械分选方法可以分为筛分、重力分选等。

（1）筛分

筛分是根据固体废物尺寸大小进行分选的一种方法，在城市生活垃圾和工业废物的处理上得到了广泛应用，包括湿式筛分和干式筛分两种操作类型。

筛分原理：利用筛子使物料中小于筛孔的细粒物料透过筛面，而大于筛孔的粗粒物料留在筛面上，完成粗、细粒物料分离的过程。该分离过程可看作由物料分层和细粒透筛两个阶段组成。物料分层是分离的条件，细粒透筛是分离的目的。

（2）重力分选

重力分选是根据固体废物中不同物质颗粒间的密度差异，在运动介质中利用重力、介质动力和机械力的作用，使颗粒群产生松散分层和迁移分离，从而得到不同密度产品的分选过程。重力分选是在活动的或流动的介质中按颗粒的密度或粒度进行颗粒混合物分选的过程。重力分选的介质有空气、水、重液（密度大于水的液体）、重悬浮液等。

二、固体废物的稳定化和固化

（一）固体废物的稳定化

药剂稳定化是利用化学药剂通过化学反应使有毒、有害物质转变为低溶解性、低迁移性及低毒性物质的过程。稳定化技术与其他方法（如封闭与隔离）相比，具有处理后潜在威胁小的特点。

固体废物中的主要有毒、有害物质是铬、镉、汞、铅、铜、锌等重金属，砷、硫、氟等非金属，放射性元素和有机物（含氯的挥发性有机物、酚类氰化物等）。目前，采用的稳定化技术主要是重金属离子的稳定化技术和有机污染物的氧化解毒技术。

1.重金属离子的稳定化技术

重金属离子的稳定化技术主要有化学方法（中和法、氧化还原法、化学沉淀法等）和物理化学方法（吸附法和离子交换法等）。

2.有机污染物的氧化解毒技术

向含有有机污染物的废物中投加强氧化剂，可以将其矿化为二氧化碳和水或转化为毒性较小的其他有机物，所产生的中间有机物可以用生物方法进一步处理，从而达到稳定化的目的。这类有机污染物主要为含氯有机物、硫醇、酚类以及氰化物等。

（二）固体废物的固化

固化是指在危险废物中添加固化剂，使其转变为不可流动固体或形成紧密固体的过程。固化可以看作一种特定的稳定化过程，可以理解为稳定化的一个部分。固化的产物是结构完整的整块密实固体，这种固体可以方便地按尺寸大小进行运输。

固化有两种方式：一种是将有害废物通过化学转变或引入某种晶格中达到稳定化；另一种是用惰性材料将有害废物包裹起来使之与环境隔离。

第八章　生态环境保护管理的创新发展

第一节　生态环境保护管理与科技创新

一、科技创新在生态环境保护管理中的作用

科技创新在生态环境保护管理中发挥着重要作用。随着人们对环境问题认识的加深，科技创新成为解决生态环境问题的重要手段。

首先，科技创新有助于提高生态环境保护管理的效率。传统的环境保护方法往往需要大量的人力、物力和财力投入，而科技创新可以通过引入新的技术手段和方法，提高环境保护的效率和质量。例如，通过引入先进的空气净化技术，可以有效地减少空气污染物的排放，改善空气质量；通过引入水资源循环利用技术，可以有效地节约水资源，减少水资源浪费。

其次，科技创新有助于推动绿色产业的发展。随着人们环保意识的提高，绿色产业逐渐成为全球经济发展的新趋势。科技创新可以为绿色产业提供技术支持，推动绿色产业的发展。例如，通过引入太阳能、风能等可再生能源技术，可以减少对传统能源的依赖，降低能源消耗和污染排放；通过引入生态农业技术，可以促进农业的可持续发展，提高农产品质量。

最后，科技创新有助于增强公众的环保意识。随着互联网的普及和发展，我们可以通过各种媒体和平台向公众传播环保知识，增强公众的环保意识。例如，通过引入虚拟现实技术，可以让公众更加直观地了解环境问题的严重性和保护环境的重要性；通过开展环保宣传活动，可以让公众更加深入地了解环保政策和法规，增强环保意识。

总之，科技创新在生态环境保护管理中发挥着重要作用。我们应该加大对科技创新的投入，推动绿色产业的发展和公众环保意识的提高，为建设美丽中国贡献力量。

二、科技创新在生态环境保护管理中的应用

（一）遥感技术

遥感技术综合了卫星技术、计算机技术、生态环境监测技术、感应技术等，是一种跨学科的现代化边缘性技术。遥感技术可用于管理和监测高山、深海、地表生态系统等环境；使用遥感技术可以长期获取动态化、大面积、高密度的生态环境数据，辅助污染治理、环境保护、地质勘探等工作；另外，使用遥感技术还可以有效减轻环境监测队伍的工作压力，提高生态环境监测的质量和效率。

1.遥感技术在生态环境监测中的应用

（1）大气环境监测

利用遥感技术对大气环境进行实时、连续、全面的监测。借助卫星、无人机，环境保护部门可以获取大气中的各种污染物的浓度、分布和扩散情况，从而制定具有针对性的措施。例如，利用卫星遥感技术可以监测大气中污染物的浓度，为城市空气质量预警提供依据。

（2）水环境监测

利用遥感技术对水环境进行全面的监测。借助卫星遥感技术，环境保护部门可以获取河流、湖泊等水体的水质情况，包括水体的颜色、透明度、溶解氧等参数。同时，利用遥感技术还可以监测水体中的污染物排放情况，为环境保护部门提供数据支持。例如，利用卫星遥感技术可以监测水体的富营养化情况，为水体治理提供依据。

（3）土壤环境监测

利用遥感技术对土壤环境进行全面的监测。借助卫星遥感技术，环境保护部门可以获取土壤湿度等参数。同时，利用卫星遥感技术还可以监测土壤中的污染物排放情况，为环境保护部门提供数据支持。例如，利用卫星遥感技术可以监测土壤中的重金属含量，为土壤治理提供依据。

（4）生物多样性监测

利用遥感技术对生物多样性进行全面的监测。借助卫星、无人机，环境保护部门可以获取各种生物种类的分布、数量和活动情况。同时，利用遥感技术还可以监测生物栖息地的变化情况，为环境保护部门提供数据支持。例如，利用卫星遥感技术可以监测森林覆盖率的变化情况，为森林保护提供依据。

2.遥感技术在生态保护规划中的应用

（1）生态保护区域的划定

环境保护部门可以利用遥感技术获取大范围的生态环境数据，为生态保护区域的划定提供依据。借助遥感技术，环境保护部门可以获取不同区域的生态环境特征、生态系统结构和功能等信息，从而科学划定生态保护区域。例如，环境保护部门可以利用遥感技术获取森林覆盖率、植被类型、生物多样性等信息，从而科学划定森林公园、自然保护区等生态保护区域。

（2）生态保护措施的制定

利用遥感技术可以监测生态保护区域的生态环境状况，为生态保护措施的制定提供依据。借助遥感技术，环境保护部门可以获取生态保护区域的生态环境参数，如水质、土壤质量、生物多样性等，从而制定科学的生态保护措施。

例如，环境保护部门可以利用遥感技术监测水体中的污染物排放情况，采取科学有效的水体治理措施。

（3）生态保护效果的评估

利用遥感技术可以对生态保护效果进行评估。借助遥感技术，环境保护部门可以获取生态保护区域的生态环境参数的变化情况，从而采取合理的生态保护效果评估策略。例如，环境保护部门可以利用遥感技术监测森林覆盖率的变化情况，评估森林保护措施的效果，还可以利用遥感技术监测水体中的污染物浓度变化情况，评估水体治理措施的效果。

（二）人工智能技术

1.人工智能技术在环境预测中的应用

（1）气象预测

人工智能技术可以用于气象预测。通过分析历史气象数据，利用人工智能技术建立预测模型，可以对未来的天气情况进行预测。例如，气象部门可以利用算法对气温、降水、风速等气象要素进行预测。

（2）水文预测

人工智能技术也可以用于水文预测。通过分析历史水文数据，利用人工智能技术建立预测模型，可以对河流的流量、水位等进行预测。例如，水利部门可以利用算法对洪水、干旱等水文事件进行预测。

（3）空气质量预测

人工智能技术还可以用于空气质量预测。通过分析历史空气质量数据，利用人工智能技术建立预测模型，可以对未来的空气质量情况进行预测。例如，环境保护部门可以利用算法对空气污染物的变化情况进行预测。

2.人工智能技术在生态保护决策中的应用

（1）生态系统的评估

生态系统评估是制定生态保护决策的基础。传统的生态系统评估方法往往依赖于人力和经验，而人工智能技术则提供了更为高效、准确的方法。通过收集和分析大量的生态数据，利用机器学习算法对生态系统进行建模，人工智能技术能够揭示生态系统的结构和功能，为生态保护决策的制定提供科学依据。例如，利用人工智能技术，可以对森林生态系统进行建模，预测森林的生长状况、生物多样性的变化等。

（2）生态修复方案的制定

在生态修复过程中，人工智能技术可以帮助决策者制定科学、合理的修复方案。通过对历史生态修复项目的分析，利用人工智能技术对生态修复方案进行模拟，可以找到最适合的修复方法和技术，提高生态修复的效果。例如，利用人工智能技术可以对湿地修复项目进行模拟，预测不同修复方案对湿地生态的影响。通过对比不同方案的模拟结果，决策者可以选择最合适的修复方案，确保生态修复的效果。

（3）生态保护政策的制定

在生态保护政策制定过程中，人工智能技术可以为决策者提供决策支持。通过分析历史数据和当前环境状况，利用人工智能技术预测未来的生态环境趋势，可以为决策者提供决策依据，确保政策的科学性和有效性。例如，利用大数据和机器学习技术，可以对某一地区的生态环境进行长期、连续的监测和分析。同时，人工智能技术还可以对政策实施的效果进行评估和预测，为政策调整提供参考。

（三）生物技术

1.生物技术在污染治理中的应用

（1）废水处理

生物技术在废水处理领域有着广泛应用。废水中的污染物种类繁多，包括有机物、重金属、营养物等。利用微生物的吸附、降解等作用，可以有效去除废水中的污染物。活性污泥法是指通过培养微生物，使其在污水中形成悬浮的活性污泥，吸附和降解污水中的有机物。生物膜法是指通过在反应器中培养微生物，使其形成生物膜，从而实现对污水的净化。这些方法不仅处理效率高，而且成本相对较低，对环境友好。

（2）废气处理

生物技术在废气处理方面也具有显著效果。废气中的污染物主要包括硫化物、氮氧化物、挥发性有机物等。生物过滤是指通过培养微生物，使其在滤料上生长繁殖，从而实现对废气的净化。生物洗涤则是指通过将废气引入洗涤液中，利用微生物的降解作用去除废气中的污染物。

（3）土壤修复

土壤污染是当前人类面临的一个严峻问题。土壤中的污染物主要有重金属、有机物、放射性物质等。微生物修复是指通过添加微生物菌剂或促进土壤中原有微生物的生长繁殖，从而实现对土壤中污染物的降解和转化。植物修复则是指通过种植能够吸收和富集重金属的植物，将重金属从土壤中转移到植物体内，从而实现土壤修复。

2.生物技术在生态修复中的应用

（1）湿地修复

湿地是地球上最富多样性的生态系统之一，对调节气候、保护生物多样性和提供生态系统服务具有重要意义。然而，由于人类活动的影响，湿地生态系统遭到严重的破坏。利用生物技术可以促进湿地的恢复和重建。例如，利用基因工程技术培育耐寒、耐旱、耐盐的湿地植物，提高其在受损湿地环境中的适应性。同时，通过引入微生物菌剂，改善土壤理化性质，提高土壤肥力，促进湿地植物的生长。这些措施有助于恢复湿地的结构和功能，增强湿地的生态服务功能。

（2）森林修复

森林是地球上最重要的陆地生态系统之一，对维持生态平衡和生物多样性具有重要意义。然而，过度采伐等人为因素会导致森林生态系统受损。利用生物技术可以促进森林的恢复。例如，利用基因工程技术培育抗逆性强的林木品种，提高其在受损森林环境中的适应性。同时，通过引入微生物菌剂，改善土壤环境，促进林木的生长和发育。

三、科技创新在生态环境保护管理中应用的问题与对策

（一）科技创新在生态环境保护管理中应用的问题

1.技术研发与实际应用之间的鸿沟

当前，生态环境保护管理领域涌现出许多新技术和新方法，但在实际应用中却面临着种种困难。这主要是因为技术研发与实际应用之间存在鸿沟。技术研发往往注重理论创新和实验室研究，而实际应用则需要考虑现实条件、经济成本和社会接受度等因素。两者之间的脱节导致一些具有潜力的技术难以在实际中得到广泛应用。

2.技术标准与规范不完善

科技创新需要完善的技术标准和规范来指导其发展方向和应用范围。然而，在生态环境保护管理领域，由于技术更新迅速，相关的技术标准和规范往往难以跟上其发展步伐。这不仅影响科技创新的应用，还可能导致一些潜在的安全和环境风险。

3.科技创新人才匮乏

科技创新需要高素质的人才来支撑。然而，我国当前的生态环境保护管理领域面临着科技创新人才匮乏的问题。这主要是由于该领域对人才的要求较高，需要其具备跨学科的知识背景和实践经验。同时，由于目前我国在生态环境保护管理领域的投入相对较少，也限制了对科技创新人才的培养和引进。

（二）解决科技创新在生态环境保护管理中应用问题的对策

1.加强科技创新与实际应用的结合

为了消除技术研发与实际应用之间的鸿沟，应加强两者的结合。首先，技术研发应注重实际需求，充分考虑实际应用中的限制条件。其次，相关部门应积极参与技术研发过程，提出实际需求和建议，促进技术研发与实际应用的融合。此外，还可以通过建立技术应用示范基地、开展技术培训等方式，促进新技术的实际应用。

2.完善技术标准与规范体系

针对技术标准与规范不完善的问题，应建立完善的技术标准和规范体系。首先，应加强对新技术和新方法的评估和管理，确保其安全性和可行性。其次，应建立定期更新和修订技术标准与规范的机制，以适应科技创新的发展需求。此外，还应加强国际合作与交流，共同制定和推广国际公认的技术标准和规范。

3.加强对科技创新人才的培养与引进

为了解决科技创新人才匮乏的问题，应加强对科技创新人才的培养和引进。首先，应加大对生态环境保护管理领域的资金投入，培养更多的专业人才。其次，应建立多元化的培训体系，提高现有从业人员的专业素质和技能水平。此外，还可以通过优惠政策、科研项目资助等方式，吸引更多的优秀人才投身生态环境保护管理事业。同时，还应加强与国内外高校和研究机构的合作与交流，共同培养高层次的科技创新人才。

第二节　生态环境保护管理与可持续发展

一、生态环境保护管理在可持续发展中的重要性

生态环境保护管理是实现可持续发展的重要保障。在当今社会，随着经济的快速发展和人口的不断增长，生态环境面临着严重的挑战。因此，加强生态环境保护管理对实现可持续发展具有重要意义。

首先，生态环境保护管理是实现经济可持续发展的重要前提。良好的生态环境是经济发展的基础，只有保护好生态环境才能保障经济的可持续发展。加强生态环境保护管理，可以减少环境污染和资源浪费，提高资源利用效率，促进经济的高质量发展。

其次，生态环境保护管理是保障社会可持续发展的重要条件。良好的生态环境是人们生活的重要保障，只有保护好生态环境才能保障社会的可持续发展。加强生态环境保护管理，可以改善空气、水的质量，提高人们的生活质量和健康水平。

最后，生态环境保护管理是推动全球可持续发展的重要手段。随着全球化的不断深入发展，生态环境问题已经成为全球性的挑战。加强生态环境保护管理不仅可以保障本国的可持续发展，还可以为全球的可持续发展贡献力量。

二、生态环境保护管理在可持续发展中的作用

（一）促进经济绿色转型

随着全球对环境保护的重视程度不断提高，绿色经济已经成为未来经济发展的主流趋势。加强生态环境保护管理，可以推动企业加大环保投入，采用环保技术和设备，实现绿色生产。同时，政府可以出台相关政策和措施，鼓励企业开展绿色生产，推动企业实现经济转型。

在经济绿色转型的过程中，生态环境保护管理还可以促进产业结构的优化升级。通过淘汰高污染、高能耗的产业，发展环保产业和绿色产业，可以推动产业结构的升级和转型。同时，生态环境保护管理还可以推动科技创新和人才培养，为经济绿色转型提供有力支撑。

（二）保障生态安全

生态安全是指生态系统及其组成成分在自然和人类活动干扰下保持其结构和功能处于健康状态的能力。加强生态环境保护管理可以减少环境污染和资源浪费，保护生态系统的完整性和稳定性，从而保障生态安全。

在保障生态安全方面，环境保护部门需要采取一系列措施。首先，需要加强环境监测和预警，及时发现和解决环境问题。其次，需要加强生态治理，对受到破坏的生态系统进行修复。最后，需要加强对生态保护区的建设和管理，保持生态系统的完整性和稳定性。

（三）提高生活质量

随着经济的发展和人们生活水平的提高，人们对生活质量的要求也越来越高。良好的生态环境是提高生活质量的重要保障，而加强生态环境保护管理可以提高生态环境的质量，进而提高人们的生活质量。

加强生态环境保护管理，可以改善空气质量，减少环境污染和资源浪费，提高资源利用效率。这些措施不仅可以保障人们的身体健康和生活安全，还可以提高人们的生活质量和幸福感。例如，在城市中增加公共绿地和休闲场所，可以改善城市环境，提高居民的生活品质。

三、可持续发展中生态环境保护管理面临的挑战

（一）资金与技术投入不足

1.生态环境保护管理资金短缺

生态环境保护管理需要大量的资金投入，包括环境监测、污染治理、生态修复等方面的费用。然而，当前许多地区的生态环境保护管理资金短缺，难以满足实际需求。

2.技术研发与应用面临挑战

生态环境保护管理需要先进的技术支持，包括环境监测技术、污染治理技术、生态修复技术等。然而，当前技术研发与应用面临以下挑战：

（1）技术创新能力不足

许多地区的生态环境保护管理技术创新能力不足，难以跟上国际先进水平。

（2）技术应用难度大

一些先进的环保技术在实际应用中难度较大，如一些高污染行业的污染治理技术、生态修复技术等。这需要加强技术研发与应用的结合，提高技术的实用性和可操作性。

（二）公众参与度不高

公众参与度不高是当前生态环境保护管理面临的重要挑战之一。在生态环境保护过程中，公众的参与对提高环保效果、推动环保事业发展具有重要意义。

然而，当前公众参与度不高的问题十分突出，主要表现在以下几个方面：

第一，公众环保意识不足。许多人对环保的认识不足，缺乏环保意识和责任感，对环保的关注度和参与度不高。

第二，环保信息不对称。环保部门和企业在公开环保信息方面存在不足，导致公众对环保状况的了解有限，难以有效参与到环保工作中。

第三，参与渠道不畅。目前，公众参与环保的渠道相对较少，缺乏有效的参与机制和平台。

四、应对生态环境保护管理所面临挑战的措施

（一）加强政策引导与资金支持

1.制定完善的生态环境保护管理政策体系

为了更好地应对生态环境保护管理的挑战，首先需要制定完善的政策体系。政策是推动环保事业发展的重要保障，通过制定明确的目标、措施和标准，可以引导企业和公众积极参与环保工作，推动环保事业的发展。在制定政策体系时，需要充分考虑当地的环境状况、经济发展水平和社会需求等因素，确保政策的科学性和可操作性。同时，需要加强对政策的宣传和解读，让公众和企业充分了解政策内容和要求，从而更好地参与环保工作。

2.加大资金投入，提高技术研发与应用能力

资金是推动生态环境保护管理的重要保障。为了提高环保效果，需要加大资金投入，支持环保技术研发和应用。政府可以通过设立专项资金、加大财政预算等方式，为环保工作提供稳定的资金来源。同时，政府应引导企业提升环保意识，积极投入环保资金，推动绿色生产。在资金投入方面，还需要注重提高资金的使用效率。此外，通过市场机制吸引社会资本参与环保项目，拓宽资金来源渠道。在技术研发和应用方面，需要加强人才培养。同时，加强技术推

广和应用，提高技术的普及率。

（二）提高公众的环保意识与参与度

1.加强环保宣传教育，提高公众的环保意识

公众是推动环保事业发展的重要力量。为了提高公众的环保意识，需要加强环保宣传教育。政府、企业和媒体应该合作，通过各种渠道和形式，向公众普及环保知识。例如，可以通过电视、广播、报纸等媒体宣传环保理念和知识；可以通过开展环保公益活动等方式，提高公众对环保的认识和理解；还可以通过在公共场所设置环保宣传栏、广告牌等方式，提醒公众关注环保问题。此外，家庭教育也不可忽视。家庭是社会的细胞，家长应该树立良好的环保意识，以身作则，引导孩子从小养成爱护环境的好习惯。学校也应该将环保教育纳入课程体系，通过课堂教育、校园文化活动等方式，培养学生的环保意识和责任感。

2.建立公众参与平台，鼓励公众参与环保行动

为了提高公众的参与度，需要建立有效的参与平台和机制。政府可以建立公开透明的信息平台，及时发布环保信息，让公众了解环保状况；可以设立热线电话，方便公众反映环保问题；还可以组织志愿者活动、社区服务活动等，鼓励公众积极参与环保行动。此外，企业可以开展环保开放日等活动，让公众了解企业的环保工作，增强公众对企业的信任。在鼓励公众参与环保行动的同时，还需要建立相应的奖励机制。政府可以设立奖项，表彰为环保事业作出突出贡献的单位和个人；企业可以通过提供优惠券、礼品等形式，鼓励消费者参与环保行动；社会团体可以组织评选活动，表彰优秀的环保志愿者和组织。这些措施可以有效激励公众积极参与环保行动，推动环保事业的发展。

第三节　生态环境保护管理与低碳经济

随着全球工业化进程的加速、人类对自然资源的过度开采和利用，大气中温室气体的浓度不断增加，进而引发全球气候变化等一系列环境问题。在此背景下，低碳经济应运而生，其核心目标是减少温室气体排放，降低碳依赖，实现可持续发展。发展低碳经济是生态环境保护管理的重要手段，是解决全球气候变化问题的重要途径。

一、低碳经济概述

（一）低碳经济的定义

低碳经济是一种以低能耗、低污染、低排放为基础的经济模式，旨在通过技术创新、制度创新、产业转型、新能源开发等多种手段，实现经济增长与碳排放的脱钩，达到经济、社会和环境的共同发展。低碳经济是人类社会为应对气候变化而提出的一种新型经济发展模式。

（二）低碳经济与全球气候变化的关系

全球气候变化是当前人类面临的严峻环境问题之一，主要表现为气温上升、海平面上升、极端气候事件增多等。气候变化的根源在于人类活动所导致的温室气体排放增加。因此，低碳经济的发展对解决气候变化问题具有重要意义。低碳经济通过采用清洁能源、提高能源利用效率、开展碳捕获和储存等技术手段，降低能源消耗和碳排放，从而减少大气中的温室气体浓度，减缓全球气候变化的速度。

（三）低碳经济的主要特征和发展目标

低碳经济的主要特征包括：低能耗、低污染、低排放。它强调在经济发展过程中，通过采用清洁能源和高效能源利用技术，降低能源消耗和碳排放；通过推广环保产业和循环经济，减少环境污染和资源浪费；通过碳捕获和储存等技术的研发和应用，实现温室气体的减排。

低碳经济的发展目标包括：降低碳排放强度、提高能源利用效率、促进清洁能源发展、推动循环经济发展、提升环境质量等。具体而言，它可以通过提高能源利用效率、推广清洁能源、发展循环经济等手段，降低能源消耗和碳排放，实现经济增长与碳排放的脱钩；通过技术创新、制度创新、产业转型等手段，推动经济发展方式的转变，实现经济、社会和环境的共同发展。

二、低碳经济的发展模式、路径及策略

（一）低碳经济的发展模式

低碳经济的发展模式主要包括以下几种：

1.能源节约和高效利用模式

这种模式强调在生产和消费环节通过采用先进的节能技术和设备，提高能源利用效率，减少能源消耗和碳排放。例如，推广节能灯具、改善建筑保温性能、提高公共场所空调能效等。

2.可再生能源和清洁能源模式

这种模式强调在能源领域中，通过大力开发和推广可再生能源和清洁能源，如太阳能、风能、水能等，降低化石能源的消耗和碳排放。例如，建设太阳能电站、风力发电场、生物质能发电厂等。

3.循环经济和资源再生模式

这种模式强调在生产和消费环节通过采用资源再生的方式，实现资源的最大化利用和减少废弃物的排放。例如，建设城市废弃物处理和资源再生中心等。

4.低碳交通和绿色出行模式

这种模式强调在交通领域通过采用低碳交通技术和手段，如发展公共交通、推广电动汽车、限制高排放车辆等，减少交通领域的碳排放。例如，建设城市公共自行车系统、推广电动汽车和混合动力汽车等。

5.碳捕获和储存技术模式

这种模式强调在排放环节通过采用碳捕获和储存技术，将排放的二氧化碳捕获并储存起来，从而降低大气中的温室气体浓度。例如，在发电厂和工业锅炉中安装碳捕获和储存装置等。

（二）低碳经济的发展路径

1.制定低碳经济发展战略和规划

政府应制定低碳经济发展战略和规划，明确低碳经济发展的目标、重点领域和措施，为低碳经济的发展提供指导和保障。

2.促进能源结构的调整和优化

通过大力开发和推广可再生能源和清洁能源，降低化石能源的消耗比例，促进能源结构的调整和优化，进而减少碳排放。

3.推进节能减排和资源综合利用

采用先进的节能技术和设备，提高能源利用效率，减少能源消耗和碳排放，同时，推进废弃物的综合利用，实现废弃物的减量化、资源化和无害化处理。

4.加强科技创新和人才培养

加强低碳经济领域的科技创新和人才培养，为低碳经济的发展提供科技支撑和人才保障。

5.完善政策法规和市场机制

完善低碳经济领域的政策法规和市场机制，通过政策引导、财政支持、税收优惠等手段，鼓励企业和个人参与低碳经济的发展，同时，通过市场机制的引入，推动碳排放交易市场的建设和发展。

6.加强国际合作与交流

学习国际先进经验和技术手段，推动低碳经济的发展。

（三）低碳经济的发展策略

1.政府引导和企业参与相结合

政府应通过制定政策、提供资金支持等方式引导企业和个人参与低碳经济的发展，同时，企业也应积极响应政府号召，采取措施降低碳排放强度、提高能源利用效率等。

2.技术创新和产业升级相结合

推动低碳经济领域的科技创新和产业升级，推动清洁能源、新能源等的应用，同时，鼓励企业采用先进的节能技术和设备提高能源利用效率等。

3.区域差异和分类指导相结合

针对不同地区、不同行业、不同企业的实际情况，制定差异化的低碳经济发展策略，分类指导、分步实施，推动低碳经济在不同领域的协调发展。

4.总量控制和结构调整相结合

在控制碳排放总量的同时，注重调整产业结构、优化能源结构，鼓励发展低碳产业和循环经济，限制高碳排放产业的发展，推动经济结构的转型升级。

5.政策激励和市场机制相结合

通过政策激励和市场机制的作用，鼓励企业和个人参与低碳经济的发展，推动碳排放交易市场的建设和发展，实现低碳经济的市场化、规范化、持续化发展。

6.宣传教育和意识提升相结合

加大对低碳经济的宣传力度，提高公众对低碳经济的认识，形成全社会共同参与低碳经济发展的良好氛围。

参考文献

[1] 蔡山泉. 新时代生态环境管理的方法与创新实践探究[J]. 皮革制作与环保科技，2023，4（20）：67-68，81.

[2] 曹宇，王江飞，王东，等. 基于公众关注的生态环境监测标准问题探讨中国生态环境监测标准体系的发展[J]. 中国环境监测，2023，39（6）：32-37.

[3] 陈桂红，陈昱，陈诚. 广东省居民生态环境与健康素养水平监测及提升策略分析[J]. 环境生态学，2023，5（11）：115-121.

[4] 陈雷，侯佳利. 生态环境监测技术对环境保护管理的价值研究[J]. 环境与生活，2023（11）：80-82.

[5] 陈敏，李博阳. 基于无人机的生态环境监测设备协同巡查系统研究[J]. 科技资讯，2023，21（20）：5-8.

[6] 陈疏影. 浅论生态环境监测实验室“三废”的产生及防治[J]. 清洗世界，2023，39（11）：102-104.

[7] 崔志伟，王玮，周祎，等. 浅析环境监测（REM）在大气污染治理中的作用[J]. 清洗世界，2023，39（9）：99-101.

[8] 代玉欣，李明，郁寒梅. 环境监测与水资源保护[M]. 长春：吉林科学技术出版社，2021.

[9] 杜彬仰，韦立. 生态环境监测在大气污染治理中的运用[J]. 皮革制作与环保科技，2023，4（18）：66-68.

[10] 段镭. 排污单位自行监测质量监管中的“环保管家”创新服务[J]. 广东化工，2023，50（19）：128-130，133.

[11] 高芳. 环境监测与环境影响评价的关系分析[J]. 皮革制作与环保科技，2023，4（19）：28-30.

[12] 郭翠莉. 低碳经济背景下环境监测对生态环境保护影响[J]. 清洗世界，2023，39（11）：160-162.

[13] 郭宏达，戴源，程宝军. “天空地”一体化守护“绿水青山”[N]. 扬州日报，2023-10-18（1）.

[14] 胡伟文. 环境监测在生态环境保护中的实用性策略分析[J]. 环境与生活，2023（11）：83-85.

[15] 黄星积，殷永生，乔国通. 珠三角旅游经济与生态环境耦合和胁迫验证[J]. 三峡生态环境监测，2023（4）：45-55

[16] 贾秀飞. 超大城市生态治理数字化的要素构成、转型逻辑与实践路向：以上海市生态治理数字化实践为例[J]. 西华大学学报（哲学社会科学版），2023，42（6）：1-9.

[17] 姜景晟，陈鹤翔，汪露，等. 一种水生态环境实时在线监测装置设计及应用[J]. 江苏水利，2023（11）：55-59.

[18] 孔德超. 环境监测在环境影响评价中的作用及策略分析[J]. 皮革制作与环保科技，2023，4（19）：59-61.

[19] 李纯厚，齐占会. 中国渔业生态环境学科研究进展与展望[J]. 水产学报，2023，47（11）：132-147.

[20] 李继辉. 浅谈生态环境监测技术在环境保护管理中的重要作用[J]. 清洗世界，2023，39（11）：154-156.

[21] 李龙才，冒学勇，陈琳. 污染防治与环境监测[M]. 北京：北京工业大学出版社，2021.

[22] 李向东. 环境监测与生态环境保护[M]. 北京：北京工业大学出版社，2022.

[23] 刘晨阳. 环境监测在生态环境保护中的作用及发展分析[J]. 皮革制作与环保科技，2023，4（20）：82-84.

[24] 刘秋华，谢余初，覃宇恬，等. 基于 GEE 云计算的南宁市生态环境质量时空分异监测[J]. 水土保持通报，2023，43（5）：121-127.

[25] 刘潇. 环境监测工作在生态环境保护中的重要性探讨[J]. 黑龙江环境通报，2023，36（8）：45-47.
[26] 刘雪梅，罗晓. 环境监测[M]. 成都：电子科技大学出版社，2017.
[27] 卢响军. 基于 EQI 的新疆生产建设兵团生态质量监测体系构建[J]. 环境监测管理与技术，2023，35（5）：5-8.
[28] 卢响军. 新疆生产建设兵团生态环境监测网络建设运行及“十四五”优化建议[J]. 环境与发展，2023，35（5）：103-108.
[29] 卢星星. 数字中国建设背景下生态环境管理数字化转型探析[J]. 科技广场，2023（5）：49-58.
[30] 卢亚灵，王廷玉，蒋洪强. 国内外生态环境智慧治理比较及对我国的启示[J]. 环境保护，2023，51（20）：67-71.
[31] 卢震. 守护黄河生态 厚植绿色底色[N]. 济南日报，2023-10-28（2）.
[32] 陆富韬. 浅谈生态环境监测技术对环境保护管理的意义[J]. 皮革制作与环保科技，2023，4（18）：69-71.
[33] 彭娟莹. 关于低碳经济背景下环境监测对生态环境保护的影响研究[J]. 清洗世界，2023，39（10）：125-127.
[34] 饶梦文. 浅论 3S 技术在生态环境监测领域中的应用[J]. 皮革制作与环保科技，2023，4（18）：176-178.
[35] 施生宣. 六盘水市全力推动生态环境管理提质增效[N]. 贵州民族报，2023-10-09（A03）.
[36] 滕嵩. 生态环境水质监测质控措施探析[J]. 黑龙江环境通报，2023，36（8）：51-53.
[37] 滕嵩. 污染源自动监测技术在生态环境保护中的应用探析[J]. 黑龙江环境通报，2023，36（7）：154-156.
[38] 汪玲. 现代化的生态环境监测数字化转型研究[J]. 产业科技创新，2023，5（5）：5-7.
[39] 王海萍，彭娟莹. 环境监测[M]. 北京：北京理工大学出版社，2021.

[40] 王铭杰. 生态环境监测存在问题探讨[J]. 黑龙江环境通报，2023，36（8）：60-62.

[41] 王新娟，肖洋，刘云龙，等. 生态环境应急监测能力建设[J]. 化工管理，2023（34）：49-51.

[42] 魏伶伶，孙中平，刘羿漩. 生态环境一体化智慧监管系统平台设计[J]. 现代计算机，2023，29（19）：57-64.

[43] 魏同军，刘霞. 环境监测在生态环境保护中的作用分析[J]. 黑龙江环境通报，2023，36（8）：63-65.

[44] 温巧文. 环境咨询服务在经济发展与环境保护中的应用分析[J]. 黑龙江环境通报，2023，36（7）：23-25.

[45] 吴小红. 环境监测中采样质量管理问题与措施研究[J]. 皮革制作与环保科技，2023，4（18）：30-32.

[46] 熊峰，秦海旭，赵倩园，等. 生态环境基础设施建设对策建议：以南京市为例[J]. 环境保护与循环经济，2023，43（10）：60-63.

[47] 阎传海. 浅谈环境监测在环境保护中的意义与方向[J]. 皮革制作与环保科技，2023，4（18）：79-81.

[48] 杨海波，秦刚，夏强. 简述土壤环境监测工作的重要性及开展方法[J]. 皮革制作与环保科技，2023，4（19）：68-70.

[49] 叶锴，徐益强. 浅议总体国家安全观下的驻市生态环境监测网络安全管理[J]. 环境监控与预警，2023，15（6）：105-108.

[50] 叶志清. 生态环境监测技术对环境保护管理的重要性及开展措施[J]. 清洗世界，2023，39（11）：148-150.

[51] 殷丽萍，张东飞，范志强. 环境监测和环境保护[M]. 长春：吉林人民出版社，2022.

[52] 于海波，牛娟娟. 节能减排视角下的环境监测工作分析[J]. 皮革制作与环保科技，2023，4（18）：33-35.

[53] 袁小超，胡艳红，黄由波. 基于 RS 和 GIS 的生态环境监测评估应用系统

[J]. 黑龙江环境通报，2023，36（7）：160-162.

[54] 张芳. 低碳背景下的环境监测与保护策略探析[J]. 皮革制作与环保科技，2023，4（18）：105-107.

[55] 张芳. 浅谈环境监测中提高水污染环境监测质量的措施[J]. 皮革制作与环保科技，2023，4（20）：118-120.

[56] 张雪莉. 环境管理中的水环境监测及其保护研究[J]. 资源节约与环保，2023，（11）：58-61.

[57] 张亚坤，吴泽昆，唐文哲，等. 雄安新区水生态环境一体化管理研究[J]. 水利经济，2023，41（5）：24-28，98.

[58] 张英，郭健斌，哦玛啦，等. 遥感技术在西藏高原资源环境领域中的应用[J]. 农业与技术，2023，43（21）：33-35.

[59] 章昕欲，马永福，刘弓冶，等. 辐射环境监测省级重点实验室建设研究和成效[J]. 环境污染与防治，2023，45（11）：1603-1607，1611.

[60] 赵丽萍，马青青. 道路桥梁施工水环境保护策略[J]. 石材，2023，（12）：129-131.

[61] 周德群. 环境监测现场采样质量控制措施探析[J]. 黑龙江环境通报，2023，36（7）：66-68.

[62] 邹炜新. “五笔账”里的蓝天与民生[N]. 宁夏日报，2023-11-14（4）.